Oxford
International
Primary

7

艾莉森·佩奇（Alison Page）
[英] 霍华德·林肯（Howard Lincoln）著
卡尔·霍尔德（Karl Held）

赵婴 樊磊 刘畅 郭嘉欣 刘桂伊 译

适合11～12岁

牛津 给孩子的 信息科技通识课

U0275017

清华大学出版社
北京

内 容 简 介

新版《牛津给孩子的信息科技通识课》共 9 册，旨在向 5 ~ 14 岁的学生传授重要的计算思维技能，以应对当今的数字世界。本书是其中的第 7 册。

本书共 6 单元，每单元包含循序渐进的 6 部分教学内容和一个自我测试。教学环节包括学习目标和学习内容、活动、额外挑战和更多探索等。自我测试包括一定数量的测试题和以活动方式提供的操作题，读者可以自测本单元的学习成果。第 1 单元介绍数据存储及进制转换；第 2 单元介绍如何安全、负责任地使用互联网；第 3 单元介绍 Python 编程入门，并比较 Scratch 和 Python 的差异；第 4 单元深入介绍 Python 编程；第 5 单元介绍如何设计并制作播客；第 6 单元介绍如何创建并高效使用数据表。

本书适合 11 ~ 12 岁的学生，可以作为培养学生 IT 技能和计算思维的培训教材，也适合学生自学。

北京市版权局著作权合同登记号　图字：01-2021-6587

图书在版编目（CIP）数据

牛津给孩子的信息科技通识课 . 7 / （英）艾莉森·佩奇 (Alison Page) , （英）霍华德·林肯 (Howard Lincoln) , （英）卡尔·霍尔德 (Karl Held) 著；赵婴等译 . —北京：清华大学出版社，2024.9

　ISBN 978-7-302-61472-2

　Ⅰ . ①牛…　　Ⅱ . ①艾…　②霍…　③卡…　④赵…　　Ⅲ . ①计算方法－思维方法－青少年读物　Ⅳ . ① O241-49

　中国版本图书馆 CIP 数据核字 (2022) 第 137382 号

责任编辑：袁勤勇
封面设计：常雪影
责任校对：李建庄
责任印制：沈　露

出版发行：清华大学出版社
　　　　网　　　址：https://www.tup.com.cn，https://www.wqxuetang.com
　　　　地　　　址：北京清华大学学研大厦 A 座　　　　　　邮　　编：100084
　　　　社 总 机：010-83470000　　　　　　　　　　　邮　　购：010-62786544
　　　　投稿与读者服务：010-62776969，c-service@tup.tsinghua.edu.cn
　　　　质 量 反 馈：010-62772015，zhiliang@tup.tsinghua.edu.cn
印 装 者：小森印刷（北京）有限公司
经　　销：全国新华书店
开　　本：210mm×260mm　　　　　印　　张：11.5　　　　　字　　数：215 千字
版　　次：2024 年 9 月第 1 版　　　　印　　次：2024 年 9 月第 1 次印刷
定　　价：69.00 元

产品编号：089974-01

序言

2022年4月21日，教育部公布了我国义务教育阶段的信息科技课程标准，我国在全世界率先将信息科技正式列为国家课程。"网络强国、数字中国、智慧社会"的国家战略需要与之相适应的人才战略，需要提升未来的建设者和接班人的数字素养和技能。

近年，联合国教科文组织和世界主要发达国家都十分关注数字素养和技能的培养和教育，开展了对信息科技课程的研究和设计，其中不乏有价值的尝试。《牛津给孩子的信息科技通识课》是一套系列教材，经过多国、多轮次使用，取得了一定的经验，值得借鉴。该套教材涵盖了计算机软硬件及互联网等技术常识、算法、编程、人工智能及其在社会生活中的应用，设计了适合中小学生的编程活动及多媒体使用任务，引导孩子们通过亲身体验讨论知识产权的保护等问题，尝试建立从传授信息知识到提升信息素养的有效关联。

首都师范大学外国语学院赵嬛教授是中外教育比较研究者；首都师范大学教育学院樊磊教授长期研究信息技术和教育技术的融合，是普通高中信息技术课程课标组和义务教育信息科技课程课标组核心专家。他们合作翻译的该套教材对我国信息科技课程建设有参考意义，对中小学信息科技课程教材和资源建设的作者有借鉴价值，可以作为一线教师的参考书，也可供青少年学生自学。

熊璋

2024年5月

译者序

2014年，我国启动了新一轮课程改革。2018年，普通高中课程标准（2017年版）正式发布。2022年4月，中小学新课程标准正式发布。新课程标准的发布，既是顺应智慧社会和数字经济的发展要求，也是建设新时代教育强国之必需。就信息技术而言，落实新课程标准是中小学教育贯彻"立德树人"根本目标、建设"人工智能强国"及实施"全民全社会数字素养与技能"教育的重要举措。

在新课程标准涉及的所有中小学课程中，信息技术（高中）及信息科技（小学、初中）课程的定位、目标、内容、教学模式及评价等方面的变化最大，涉及支撑平台、实验环境及教学资源等课程生态的建设最复杂，如何达成新课程标准的设计目标成为未来几年我国教育面临的重大挑战。

事实上，从全球教育视野看也存在类似的挑战。从2014年开始，世界主要发达国家围绕信息技术课程（及类似课程）的更新及改革都做了大量的尝试，其很多经验值得借鉴。此次引进翻译的《牛津给孩子的信息科技通识课》就是一套成熟的且具有较大影响的教材。该套教材于2014年首次出版，后根据英国课程纲要的更新，又进行了多次修订，旨在帮助全球范围内各个国家和背景的青少年学生提升数字化能力，既可以满足普通学生的计算机学习需求，也能够为优秀学生提供足够的挑战性知识内容。全球任何国家、任何水平的学生都可以随时采用该套教材进行学习，并获得即时的计算机能力提升。

该套教材采用螺旋式内容组织模式，不仅涵盖计算机软硬件及互联网等技术常识，也包括算法编程、人工智能及其在社会生活中的应用等前沿话题。教材强调培养学生的技术责任、数字素养和计算思维，完整体现了英国中小学信息技术教育的最新理念。在实践层面，教材设计了适合中小学生的编程活动及多媒体使用任务，还以模拟食品店等形式让孩子们亲身体验数据应用管理和尊重知识产权等问题，实现了从传授信息知识到提升信息素养的跨越。

该套教材所提倡的核心观念与我国信息技术课标的要求十分契合，课程内容设置符合我国信息技术课标对课程效果的总目标，有助于信息技术类课程的生态建设，培养具有科学精神的创新型人才。

他山之石，可以攻玉。此次引进的《牛津给孩子的信息科技通识课》为我国5~14岁的学生学习信息技术、提高计算思维提供了优秀教材，也为我国中小学信息技术教育提供了借鉴和参考。

在本套教材中，重要的术语和主要的软件界面均采用英汉对照的双语方式呈现，读者扫描二维码就能看到中文界面，既方便学生学习信息技术，也帮助学生提升英语水平。

本套教材是5~14岁青少年学习、掌握信息科技技能和计算思维的优秀读物，既适合作为各类培训班的教材，也特别适合小读者自学。

本套教材由赵婴、樊磊、刘畅、郭嘉欣、刘桂伊翻译。书中如有不当之处，敬请读者批评指正。

译者

2024年5月

前言

向青少年学习者介绍计算思维

《牛津给孩子的信息科技通识课》是针对5~14岁学生的一个完整的计算思维训练大纲。遵循本系列课程的学习计划，教师可以帮助学生获得未来受教育所需的计算机使用技能及计算思维能力。

本书结构

本书共6单元，针对11~12岁学生。

1. **技术的本质**：介绍二进制、转换和求和。
2. **数字素养**：了解如何在网络世界中承担责任，规避网络风险。
3. **计算思维**：运用不同的编程语言，了解如何使用指令。
4. **编程**：在Python中使用if结构，并查找和修复错误。
5. **多媒体**：设计、录制和编辑播客。
6. **数字和数据**：在数据表中存储数据并检查错误。

你会在每个单元中发现什么

- 简介：线下活动和课堂讨论帮助学生开始思考问题。
- 课程：6课引导学生进行活动式学习。
- 测一测：测试和活动用于衡量学习水平。

你会在每课中发现什么

每课的内容都是独立的，但所有课程都有共同点：每课的学习成果在课程开始时就已确定；学习内容既包括技能传递，也包括概念阐释。

活动 每课都包括一个学习活动。

额外挑战 让学有余力的学生得到拓展的活动。

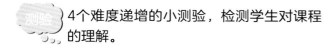 4个难度递增的小测验，检测学生对课程的理解。

附加内容

你也会发现贯穿全书的如下内容：

词汇云 词汇云聚焦本单元的关键术语以扩充学生的词汇量。

创造力 对创造性和艺术性任务的建议。

探索更多 可以带出教室或带到家里的附加任务。

未来的数字公民 在生活中负责任地使用计算机的建议。

词汇表 关键术语在正文中首次出现时显示为彩色，并在本书最后的词汇表中进行阐释。

评估学生成绩

每个单元最后的"测一测"部分用于对学生成绩进行评估。

- 进步：肯定并鼓励学习有困难但仍努力进取的学生。
- 达标：学生达到了课程方案为相应年龄组设定的标准。大多数学生都应该达到这个水平。
- 拓展：认可那些在知识技能和理解力方面均高于平均水平的学生。

测试题和活动按成绩等级进行颜色编码，即红色代表"进步"，绿色代表"达标"，蓝色代表"拓展"。自我评估建议有助于学生检验自己的进步。

软件使用

建议本书学生用Python进行编程。对于其他课程，教师可以使用任何合适的软件，例如Microsoft Office、谷歌Drive软件、LibreOffice、任意Web浏览器。

资源文件

🌐 你会在一些页中看到这个符号，它代表其他辅助学习活动的可用资源。例如已经部分完成的Python程序或电子表格文件。

可在清华大学出版社官方网站www.tup.tsinghua.edu.cn上下载这些文件。

目录

本书知识体系导读

牛津给孩子的信息科技通识课 ⑦ 七年级，11~12岁

1. 数据存储及进制转换

数字数据及其存储
二进制数、十进制数及其转换
二进制加法
十进制数转换为二进制数
数字化的文本和数字
图像和音频如何转换成数字数据

2. 安全、负责任地使用互联网

在线收集数据
网络上的危险
防止恶意软件和黑客
网络欺凌
负责任地、合法地使用互联网内容
标明所用内容的出处

3. Python编程入门

制作程序界面，使用算术运算符
Python的输入和输出
如何编写并运行程序
如何在Python中进行计算
如何选择编程语言
源代码和机器代码

4. Python的程序结构

条件结构和选择 88
如何在Python和Scratch中使用计次循环完成累加
如何在Scratch和Python中使用条件循环
如何发现语法错误并修复
如何发现程序中的逻辑错误
如何使程序可读性强且对用户友好

5. 制作播客

设计播客
数字录音
记录播客
完成播客
分享播客
改进播客

6. 创建并高效使用数据表

收集产品数据
记录和字段
数据类型和格式
通过计算来生成业务信息
显示错误数据
阻止错误输入

本书使用说明

 # 技术的本质：存储数据

你将学习：

▶ 如何将文本、图像和音频存储为数字数据；

▶ 如何在二进制数和十进制数之间转换；

▶ 如何添加二进制数。

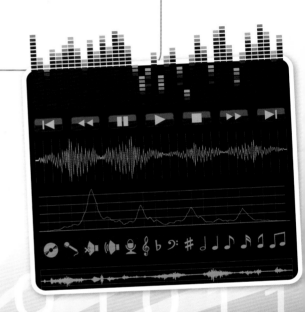

计算机以数字文件存储数据。数字文件只包含字符0和1。在本单元中，你会学习如何将文字、照片和图像转换成数字数据，以便将它们存储在计算机中。你要把日常使用的十进制数字转换成数字数据。你将使用代码来帮助理解计算机是如何将文本存储为数字的。你将创建简单的图像，并将它们转换成数字数据，就像使用计算机一样。你将学习数字声音和视频是如何创建的。

谈一谈

我们在互联网上存储的个人数据比以往任何时候都多。我们选择在社交媒体网站上存储一些信息。政府、银行和网上零售商在网上保存我们的信息。你担心你的数据被存储在互联网上吗？你的数据安全吗？

课程参考：描述不同类型的数据如何以二进制数字形式表示；十进制整数和二进制整数之间的转换；执行简单的二进制加法。

视频和动画是通过快速地一个接着一个显示一系列静止图像产生的。使用动画小册创建你自己的动画。你需要装订在一起的15～20张纸条。在第一个纸条上画一个简单的图像，然后在下面的每个纸条画上稍微改变的图像。

一个很容易画的动画是一个弹跳球。如果你觉得更有创意，可以画一个跳舞的火柴棍人。当你完成时，快速移动纸条来使你的画有动画效果。

你知道吗？

计算机和其他数字设备，如电视能显示真实的照片和视频图像。计算机使用一种叫作"真彩色"的系统来创造逼真的图像。"真彩色"能让计算机存储构成图像的所有色度信息。

"真彩色"允许计算机在一张图像中使用超过1700万种颜色。这比大多数人能看到的颜色还要丰富。存储关于单一真实颜色的信息所占用的空间与计算机存储单词"red"所占用的空间相同。

二进制　数字数据　位
字节　代码　ASCII码　媒体
像素　真彩色　采样
Unicode

1.1 数据

本课中

你将学习：

▶ 什么是数字数据；

▶ 计算机以二进制数存储数字数据；

▶ 数字数据如何被用来存储数字、媒体和指令。

螺旋回顾

在第4册中，你学习了我们可以在工作和闲暇时间使用的不同类型的计算机。所有的计算机都是数字设备——它们存储和处理数字数据。在本单元中，你将学习什么是数字数据，以及计算机如何使用它来存储文本、图像和声音。

存储数据

人类存储数据——大量的数据。我们需要存储数据，以便在需要时可以再次使用。自古以来，人们就开始存储数据。早期的人类通过在洞穴墙壁上画图像，在石头上雕刻图像和象形文字来存储重要事件的数据。后来人们通过在长卷纸和羊皮纸上书写记录历史和科学成就。

纵观历史，人们开发了不同的方式来存储数据。人们发明了印刷术，以便在书中存储文字和图像。人们发明了黑胶唱片、磁带和CD来存储和播放音乐。在现代世界，人们使用计算机存储和处理数据。今天人们使用的大部分数据都是以计算机可以使用的格式存储的。

什么是数字数据

当你用英语交流时，你会使用字母和数字。你用26个字母和10个数字（0~9），还可以使用标点符号，如逗号和句号。你把这些字符组合成单词和句子。

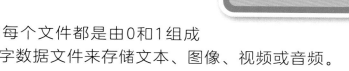

计算机只用数字存储数据。用数字存储的数据称为**数字数据**。计算机只使用两个数字：0和1。

存储在计算机上的每个文件都是由0和1组成的。计算机可以使用数字数据文件来存储文本、图像、视频或音频。

计算机用数字数据做什么

计算机内部的1和0可以用来存储：

- 是和否(或真和假)；

- 数字；

- 指令，告诉计算机该做什么；

- 其他数字内容，如文本、图像和声音。

二进制数

当你用数学来解决日常问题时，你使用的是十进制数。十进制有10个不同的数字：数字0到9。decimal（十进制）中的dec意思是10。有些人认为我们开始使用十进制是因为我们用10个手指来计数。

计算机使用的数字系统有两个不同的数字：0和1，这叫作二进制数系统。binary（二进制）一词中的bi指的是二。计算机用二进制来存储数字。

二进制数在计算中使用的方式与十进制值相同。右表中显示了一些十进制数和二进制数的示例值。它们看起来不同，但它们的意思是一样的。

🛠️ **活动**

查看二进制和十进制数的表，描述你注意到的十进制数和二进制数之间的任何异同。

十进制和二进制数	
十进制	二进制
1	1
8	1000
18	10010
100	1100100

使用二进制数存储文本

计算机用二进制来存储媒体。二进制可以存储文本、图像、声音甚至视频。当计算机使用二进制存储媒体时，它使用的是代码。

对于计算机来说，Hello这个词是这样的：01001000　01100101　01101100 01101100 01101111。

每组8个数字是一个字母的代码。H的代码是01001000。l的代码是01101100。l的代码在二进制单词中使用了两次，因为在Hello中有两个l。

01001000	01100101	01101100	01101100	01101111
H	**e**	**l**	**l**	**o**

在图像中，代码用来表示颜色。在音乐文件中，代码可以用来表示不同的乐器。复杂的照片和音乐文件都是以0和1的形式存储的。

活动

使用单词Hello中的二进制数字代码，将下面的单词翻译成英语。

01001000 01101111 01101100 01100101

使用二进制数存储指令

计算机程序中的指令是以二进制形式存储的。在第3单元，你将编写计算机程序。指令是用人类的字母和符号写的。程序中的指令必须转换成二进制代码，以便计算机能够存储和使用它们。每个二进制指令告诉计算机去做一个简单的任务。

活动

你的任务是给机器人编程，让它在迷宫中找到路。你只需要给机器人4个简单的指令。这些指令告诉机器人朝哪个方向移动：

- 向左一步；
- 向右一步；
- 向上一步；
- 向下一步。

这些指令的二进制代码显示在右边的表格中。

动作	代码
向左一步	00
向右一步	01
向上一步	10
向下一步	11

使用二进制代码编写机器人程序。你的程序应该按照下图所示的箭头，沿着绿色路径穿过迷宫，从蓝色方块到红色方块。前5个指令分别是

01，11，11，00，11

这些指令的意思是："向右移动一步，往下移动一步，往下移动一步，向左移动一步，往下移动一步。"

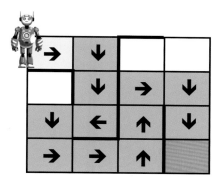

完成指令列表，引导机器人到红色方块。

为什么计算机要使用数字数据

计算机由微处理器驱动。微处理器是计算机的"大脑"。微处理器是由数百万个微小的电子开关组成的。微处理器中的开关就像其他开关一样，可以是开的，也可以是关的。

微处理器被称为**数字设备**，因为它只能理解两个开关位置——开和关。开关位置可以用二进制表示为1和0。你已经知道了数字数据是由1和0组成的。这就是数字微处理器能够读取数字数据的原因。

额外挑战

想想你在第6册中学到了什么。列举活动和作业的例子，你把数据值、媒体和指令存储到计算机中。

测验

1. 写出二进制系统使用的两个数字。

2. 写出另外8个在十进制系统中有，但在二进制系统中没有的数字。

3. 用你自己的话解释什么是数字数据。

4. 描述计算机以二进制代码存储的三样东西。

本课中

你将学习：

► 关于位和字节；

► 如何将二进制数转换为十进制数；

► 二进制和十进制的含义。

理解二进制

以10为基数和以2为基数的数

在上节课中，你了解到计算机必须将它处理的所有数据存储为数字数据。你了解了可以使用二进制数字系统来理解数字数据。你还把一些二进制数与十进制数进行了比较。

十进制数系统使用10个数字(0~9)，每一列的值都是前一列的10倍。十进制的另一个名称是以10为基数。

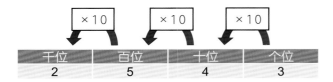

二进制数系统使用两个数字（0和1），二进制数中每一列的值都是前一列的2倍。二进制的另一个名称是以2为基数。

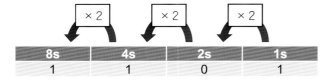

活动

有时在计算中也使用其他的数字系统。其中一个是八进制。八进制是以8为基数的数字系统。用你所学到的关于二进制和十进制的信息来回答以下问题：

● 八进制系统使用多少个数字？

● 这些数字是什么？

● 在以8为基数的数制中，前4列的值是多少？画一个表格来显示你的答案。

如何读取二进制数

你可以运用以2为基数的知识来读取二进制数。理解二进制数最简单的方法是将二进制数转换为十进制数。你每天都用十进制数，所以更容易理解十进制数。

上页表中显示的二进制数是1101。这里有一种简单的方法把这个数转换成十进制数。

1. 绘制一个类似于上一页示例中的表格。它必须有足够的列来保存你想要转换的二进制数。

2. 在表的第一行，写出每列的值。从最右列开始，该列的值为1，然后每次从右向左移动都乘以2。

8s	4s	2s	1s

3. 将要转换的数字写在表格的第二行。

8s	4s	2s	1s
1	1	0	1

4. 将要转换的数字中的每个数字乘以列值。

$1 \times 8 = 8 \qquad 1 \times 4 = 4 \qquad 0 \times 2 = 0 \qquad 1 \times 1 = 1$

5. 将结果相加，最终是二进制数作为十进制数的值。

$8 + 4 + 0 + 1 = 13$

二进制的1101就是十进制的13。

活动

把这些二进制数转换成十进制数。

a. 0111

b. 1001

c. 11001

d. 111001

对于c和d部分的数字，你需要在表的左边添加更多的列。请记住，每个列的值必须是右边列的值的2倍。

位和字节

二进制数中的每一个数字称为一个**位**。二进制数1101有4位。单词bit是binary digit的缩写——由binary的第一个字母和digit的最后两个字母组合而成。

一个位本身并不是很有用。它只能存储两个值中的一个：0或1。为了使二进制更有用，计算机将位组合在一起。8位组合在一起称为一**字节**。下面是一些以字节存储的数据的例子：

11111111, 00000000, 00110101

当你写下一字节时，你必须显示该数字中的所有8个数字，即使你必须以零开始该数字。作为字节的0值写为00000000。

数字语言

"十"和"十一"是十进制数字名称的例子。十进制系统中的每个数字都有名字。而二进制中的数字没有名字。二进制数11叫作"1""1"。十进制数11和二进制数11是不同的数。

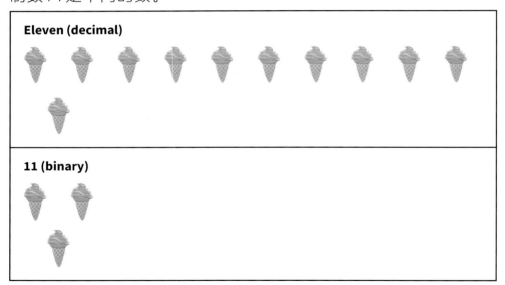

Eleven (decimal)

11 (binary)

活动

复制下面的表格并完成列标题，然后使用该表将字节01100110转换为十进制数。

×2		×2		×2		×2	
?	?	?	?	8s	4s	2s	1s
0	1	1	0	0	1	1	0

二进制到十进制的快捷方式

以2为基数很容易转换成十进制，因为它只使用两个数字：0和1。当你对使用本节课学到的将二进制转换为十进制的方法比较自信时，你可以尝试这种快捷方式：使用上次活动中创建的字节表。从二进制数的右边开始，依次看每一个数字，将包含1的每一列的数字值相加。通过实践，你会很快学会列标题值，并能够在你的头脑中转换二进制数。当你完成下一个活动时，试试这个快捷方法。

⚙️ 活动

下表包含以二进制数形式表示的值0到9。这些数字的顺序是随机的。重写数字列表，使它们按从0到9的顺序排列。

| 0011 | 0010 | 1000 | 0000 | 0110 | 0111 | 0101 | 0001 | 0100 | 1001 |

➡️ 额外挑战

找一个小伙伴配对活动，或加入两个小组进行活动。将上面活动表格中的每个二进制数写在单独的卡片上。把卡片混在一起，面向你的伙伴摊开。现在给你的伙伴设置一些挑战。

- 指着一张卡片，让你的同伴告诉你这张卡片的十进制值。

- 随机挑选三张卡片，让你的伙伴按数字大小顺序排列。

- 让你的伙伴选两张加起来和等于6的卡片（或者选另一张）。

✔️ 测验

1. 将二进制数字1001转换成十进制数。

2. 字节是什么？将11001011字节转换为十进制数。

3. 看看这个二进制数：00100010。解释为什么第6列中的1与第2列中的1有不同的值。

4. 解释以2为基数是什么意思。

👓 探索更多

教朋友或家人如何读二进制数字，和他们进行一场比赛。

本课中

你将学习：

▶ 如何做简单的二进制加法；

▶ 二进制相加时溢出意味着什么。

当数字数据以值的形式存储时，它就可以用于计算。例如，你在本课程中使用过电子表格。当你在电子表格单元格中输入一个公式，如＝A3＋B3时，你的计算机将执行二进制加法。你也在第1册～第6册中学习了编程。当你的计算机在屏幕上移动一个角色时，它会使用二进制加法来计算一个新的位置。

在本节课中，你将学习如何使用二进制进行简单的加法运算。

十进制的简单加法

用与十进制相同的方法做二进制加法。在学习二进制加法之前，为帮助你理解，先介绍一个十进制加法的例子。

如果你把加法放在一个像右边那样的表格中，就更容易理解这些数字相加时发生了什么。你使用表中的前两行来表示要相加的数字，用下面的一行来记录和，可以使用阴影行来保存需要进位的任何值。

数字1			
数字2			
进位			
和			

例子：十进制加法

在本例中，你将把262和174两个数字相加。做加法的时候，你把每一列的数字从右到左相加，然后把总和记下来。

步骤1：添加1s（个位）列，将2和4相加。把这个和看成06。后面进行二进制加法时，这将帮助你理解。

在表中写上06。在10s（十位）列的"进位"行输入0。在1s列的"和"行中输入6。

	100s	10s	1s
数字1	2	6	2
数字2	1	7	4
进位		0	
和			6

步骤2：对10s列做加法，这一列的数字加起来等于13。在100s（百位）列的"进位"行输入1。在10s列的"和"行输入3。

	100s	10s	1s
数字1	2	6	2
数字2	1	7	4
进位	1	0	
和		3	6

步骤3：对100s列做加法，这一列的数字加起来等于04。没有可进位的。在100s列的"和"行中输入4，这就完成了加法运算。

262 + 174 = 436

	100s	10s	1s
数字1	2	6	2
数字2	1	7	4
进位	1	0	
和	4	3	6

⚙️ **活动**

绘制前面示例中使用的表。用它完成729和252的加法运算。

二进制加法

用同样的方法将两个二进制数相加。二进制数加法似乎比较困难，因为你对二进制数不是很熟悉。有4条规则可以帮助你做二进制加法。

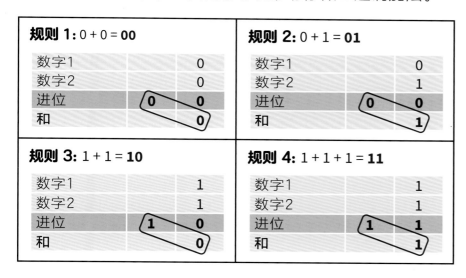

可以使用这些规则将任意两个二进制数相加，把这两个数字的对应位上下对齐，从1s列中的数开始（在右边）。往下看这一列，你看到了什么？它将是以下三种情况之一：

● 0 + 0   ● 1 + 0   ● 1 + 1

二进制加法的规则会告诉你答案。写出答案和进位。

现在看下一列（2s列），向下查看这一列，包括进位，你看到了什么？和之前一样的三种情况。由于进位的原因，还有另一种情况：

● 1 + 1 + 1

写下答案和进位。对每一列执行同样的操作，直到完成所有列的加法。

你会在下一页看到一个示例。

例子：二进制加法

在本例中，你将二进制数0011和1011相加。你可以使用这4条规则来帮助你进行二进制加法。

步骤1：1s列相加。 数字1和数字2在1s（个位）列中都有一个1，规则3表明1+1=10，在2s列的"进位"行输入1，在1s列的"和"行中输入0。

步骤2：2s列相加。 数字1和数字2在2s列中都有一个1，"进位"行也有一个1，规则4表明1+1+1=11。在4s列"进位"行中输入第一个1，在2s列的"和"行输入第二个1。

步骤3：4s列相加。 数字1和数字2的4s列中都有一个0，"进位"行有一个1，规则2表明0 + 1 = 01。在8s列的"进位"行输入0，在4s列的"和"行中输入1。

步骤4：8s列相加。 规则2表明0 + 1 = 01。你不需要输入0，因为没有更多的列。在8s列的"和"行中输入1。

步骤1　规则 3: 1 + 1 = 10

	8s	4s	2s	1s
数字1	0	0	1	1
数字2	1	0	1	1
进位			1	
和				0

步骤2　规则 4: 1 + 1 + 1 = 11

	8s	4s	2s	1s
数字1	0	0	1	1
数字2	1	0	1	1
进位		1	1	
和			1	0

步骤3　规则 2: 0 + 1 = 01

	8s	4s	2s	1s
数字1	0	0	1	1
数字2	1	0	1	1
进位	0	1	1	
和		1	1	0

步骤4　规则 2: 0 + 1 = 01

	8s	4s	2s	1s
数字1	0	0	1	1
数字2	1	0	1	1
进位	0	1	1	
和	1	1	1	0

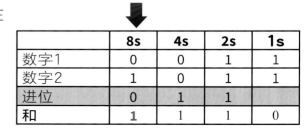 活动

一个学生想要把1010 + 0010相加，把这些数字放进加法表。

	8s	4s	2s	1s
数字1	1	0	1	0
数字2	0	0	1	0
进位				
和				

复制表。使用二进制加法的规则来完成表并找到和。

现在用同样的方法将0011+0111相加。

字节相加

在本课的二进制加法例子中，你把两个四位的二进制数相加。该方法适用于任意位数的二进制数。在第1.2课中，你学习了计算机使用字节来存储和处理数据。一字节有8位长。要将字节相加，请扩展示例中使用的表，使其包含8位。

活动

学生想要把两个8位二进制数相加：

00110111 + 01001010

将加法表扩展到8列，并将两个数字放入表中。

	128s	64s	32s	16s	8s	4s	2s	1s
数字1	0	0	1	1	0	1	1	1
数字2	0	1	0	0	1	0	1	0
进位								
和								

复制表，使用二进制加法的规则来完成表并找到和。现在用同样的方法完成 01011001 + 00001111。

额外挑战

在本节中，进行了大量的二进制计算。你可以自己检查结果：

- 看看要进行加法运算的两个二进制数，把它们都转换成十进制数。
- 查看加法的二进制数结果，把它转换成十进制数。

现在有三个十进制数，把前两个数字加起来，结果应该等于你的第三个数字。如果所有的运算结果都匹配，那么你的二进制加法是正确的。

用这个方法检查你所有的二进制加法的和。

测验

1. 二进制的1 + 1是多少？
2. 二进制加法的4条规则是什么？
3. 完成下面的二进制加法：00101101 + 00100101。
4. 将问题3中所有数字转换为十进制。

十进制到二进制

本课中

你将学习：

► 如何在十进制和二进制之间转换；

► 什么是溢出错误。

将十进制转换为二进制

当一个十进制值存储到计算机中时，它必须转换为二进制数。在本节课中，你会学习把十进制数转换成二进制数。

位值

二进制数的1根据其在数字中的位置而有不同的值。你已经学会了将这些值显示为列标题。

下面是一个例子。它显示二进制数00100100。这些数字被放置在包含所有列标题的表格中。

128s	64s	32s	16s	8s	4s	2s	1s
0	0	1	0	0	1	0	0

你可以通过查看列标题找到每个1的值。第一个1在32s列，它的值是32。第二个1在4s列，它的值是4。你可以通过将各位值相加来找到该数字的总值。在本例中，即 32 + 4 = 36。

因此二进制数00100100的十进制值是36。

将十进制转换为二进制

你可以使用同一个数字表将十进制数转换为二进制数。

- 从表格左侧开始。

- 从十进制数中减去最大位值（结果不小于0）。

- 当你减去一个值时，在表中相应位置放入一个1。

- 其他列均为0。

示例1

下面是一个示例。你将把十进制数20转换成二进制数。首先画出如下表格。

128s	64s	32s	16s	8s	4s	2s	1s

从左边开始，第一个值是128，这太大了，不能从20中减去128。因此在其下的表格中写一个0，继续计算，直到找到一个可以减去的值，这个值是16。

在16s列中写入1。

128s	64s	32s	16s	8s	4s	2s	1s
0	0	0	1				

20减去16，还剩下4，在4s列中写入1。

128s	64s	32s	16s	8s	4s	2s	1s
0	0	0	1	0	1		

现在剩下0了，所以用0填满表格中剩下的格。

128s	64s	32s	16s	8s	4s	2s	1s
0	0	0	1	0	1	0	0

因此十进制的20就转换成二进制的00010100。

示例2

将十进制数165转换为二进制数。从左边开始计算，我们可以按如下步骤减去值：

165 - 128 = 37

37 - 32 = 5

5 - 4 = 1

1 - 1 = 0

减去的数分别是128、32、4和1，在128s、32s、4s和1s列中都写入1。

128s	64s	32s	16s	8s	4s	2s	1s
1		1			1		1

在其他列中写上0。

128s	64s	32s	16s	8s	4s	2s	1s
1	0	1	0	0	1	0	1

因此，十进制数165等于二进制数10100101。

技术的本质：存储数据

17

活动

将下列十进制数转换为二进制数。

a. 32　　　　　b. 80　　　　　c. 69　　　　　d. 133

最大的数

在这个单元中，你已经学会了用8位表示数字，这是1字节。

- 8位表示的最小数为00000000，它的十进制值是0。

- 8位表示的最大数是11111111，这个数的十进制值是多少？

你可以通过把它放入二进制表格来找出答案。

128s	64s	32s	16s	8s	4s	2s	1s
1	1	1	1	1	1	1	1

128 + 64 + 32 + 16 + 8 + 4 + 2 + 1 = 255

因此8位所能得到的最大十进制数是255。

其他数字如何表示

在现实生活中，计算机需要存储超出这个范围的数字。例如：

- 大于255的数字；

- 负数（小于0）；

- 分数和小数，如4.5。

计算机需要使用8位以上（一字节）来存储这些数字。在本单元中，你只能处理0～255的数字。

活动

这些十进制数中哪一个不能用本课所学知识转换成8位二进制数？

a. 99　　　　　b. 222　　　　　c. 260　　　　　d. 499

溢出错误

如果你试图用8位存储大于255的数字，就会出现错误，这个错误称为溢出错误。在第1.3课中，你学习了二进制加法。有时二进制加法的结果会是一个大于255的数。在这种情况下，你得到的就是一个溢出错误。

示例

将二进制数10101000 + 01100001相加。

把它们放到加法表格中，用二进制加法的规则求和。

	128s	64s	32s	16s	8s	4s	2s	1s
数字1	1	0	1	0	1	0	0	0
数字2	0	1	1	0	0	0	0	1
进位	1	1	0	0	0	0	0	0
和	0	0	0	0	1	0	0	1

最后一列是128s列，这一列有两个1。二进制加法的规则告诉我们：1 + 1 = 0，进位1。但是没有地方放进位值，没有更多的列。

这将导致溢出错误，结果显示为00001001，这**不是**求和的正确答案。

◆ 额外挑战

将两个二进制数11001011 + 00111111相加，显示溢出错误。

✔ 测验

1. 将十进制数67转换为二进制数。

2. 可以用8位表示的最大十进制数是多少？

3. 完成以下二进制相加，显示溢出错误。

   01011100+11001000

4. 将以下十进制数转换为二进制数，显示将它们相加会产生溢出错误。

   150 + 120

数字化的文本和数字

本课中

你将学习：

▶ 数如何存储为数字数据；

▶ 文本如何存储为数字数据。

什么是值

你每天都在使用数字。其中一些数字用于计算。例如，你把这些数字相加或相乘，这种类型的数字称为**值**。

有些数字不是值。电话号码不是一个值。你不能把电话号码加在一起，也不能从一个电话号码减去另一个电话号码。

当这两种数字作为数字数据存储时，它们以不同的方式存储。

活动

分小组讨论下面数字中哪些是值，哪些不是值。把你的发现报告给全班同学。

a. 你的门牌号；

b. 你在考试中得到的分数；

c. 你的年龄；

d. 你所在球队在篮球比赛中的分数。

其他类型的内容

数字值使用二进制数字系统存储在计算机内。但是其他类型的内容呢？例如：

● 文字；

● 图片；

● 声音。

所有这些类型的内容都必须转换成数字，然后计算机可以使用二进制数字系统存储这些数字。

在本单元的其余部分中，你将学习计算机如何将文本、图像和声音存储为数值。

使用ASCII码存储文本

文本字符包括字母表中的字母、标点符号和其他可以在标准键盘上输入的字符，如空格和数学符号。

计算机使用数字代码来表示这些文本字符。几乎所有的计算机都有一个通用代码，它被称为ASCII（ask-ee）。这是小写字母a到g的数字编码。大写字母使用不同的编码。

字符	数字代码
a	97
b	98
c	99
d	100
e	101
f	102
g	103

计算机是如何使用ASCII码的

当你按下键盘上的一个键时，它会向处理器发送一个信号。信号根据你在键盘上选择的字符而变化。

当处理器接收到信号时，它使用ASCII码存储字符。它存储二进制数。例如，字母a被存储为二进制数01100001，字母b被存储为二进制数01100010，以此类推。

每个ASCII码恰好占用1字节（8位）。

活动

制作一个ASCII表。

a. 复制课本里的ASCII表。

b. 扩展表以显示从a到z的整个字母表。

c. 向表中添加一列以显示每个字符的二进制数。

使用ASCII表。

- 用十进制的ASCII码写下你名字的拼音。

- 用二进制的ASCII码写下你名字的拼音。

存储其他字符

你已经使用ASCII来表示从a到z的小写字母。ASCII也可以用于存储大写字母和其他键盘符号，如标点符号。

下表显示了一些常见键盘字符的ASCII码。

键 盘 字 符	ASCII码 (十进制)	ASCII 码(二进制)
空格	32	
逗号	44	
句号	46	

活动

a. 复制并完成上面的ASCII表以显示三个键盘字符的二进制代码。

b. 下面是一个用十进制ASCII码表示的信息。请说明其内容。

101 118 101 114 121 032 099 111 109 112 117 116 101 114 032 117 115 101 032 116 104 105 115 032 099 111 101

c. 下面是一个用二进制ASCII码表示的信息。请说明其内容。

01111001 01101111 01110101 00100000 01110111 01101001 01101110

数字的ASCII码

从0到9的数字也有ASCII码。数字的ASCII码与其数值是不相同的。

键 盘 字 符	ASCII码 (十进制)	ASCII 码(二进制)
0	48	
1	49	
2	50	
3	51	
4		
5		
6		
7		
8		
9		

计算机可以使用ASCII码存储一个数字或作为一个数字值。不同类型的软件以不同的方式存储数字。

- 如果你在文字处理文档中输入数字39，计算机就会存储3和9的ASCII码，你不能用文字处理程序进行计算。

- 如果你在电子表格中输入数字39，计算机将存储数字值39，你可以使用电子表格进行计算。

复制并完成数字表，以显示从0到9的所有数字的ASCII码。

ASCII的一个问题

ASCII只有256个字符。ASCII最初是用来将英语转换为二进制的。然而，世界各地的人们都需要用自己的语言使用计算机。

1991年发明了一种改进的编码，叫作Unicode。Unicode中大约有110000个字符，当然ASCII码包含在其中。Unicode有阿拉伯语、汉语、日语以及其他许多语言的字符编码。

- ASCII使用一字节来存储每个字符的代码。单字节可以容纳的最大字符数是256。

- Unicode使用多字节来存储字符。两字节连在一起可以容纳65000个字符。连在一起的三字节可以容纳将近1700万个字符。

活动

找一个小伙伴配对练习。用ASCII码写一条短信，大约10个字符，没有标点符号。把你的信息给你的伙伴，让他去解码。合作检查你是否已经正确地对每条消息进行编码和解码。

额外挑战

搜索Web找到一个完整的ASCII字符编码表，确保表中包含二进制代码，看看大写字母和小写字母的ASCII码，解释它们的不同之处。

测验

1. 当24被存储为：

   a. 二进制值

   b. ASCII码

   它们分别是什么样子的？

2. 当你在键盘上输入一个字符时，什么数据被发送到计算机？

3. 为什么ASCII码不能超过256个字符？

4. 使用Unicode代替ASCII有什么好处？

1

技术的本质：存储数据

本课中

你将学习：

► 图像如何转换成数字数据；

► 音频如何转换成数字数据。

你在计算机上存储的一切内容都必须以数字数据的形式存储。在上一课中，你学习了数字和文本是如何作为数字数据存储的。图像、声音和视频也要被转换成二进制，以便计算机能够存储和使用它们。

数字图像

当你在计算机屏幕上看一张照片时，它看起来就像真实世界一样。事实上，这是一幅由称为**像素**的小正方形组成的图像。像素（pixel）这个词是"图像元素"（picture element）的缩写。

像素被组织成行和列的网格。图片就像一个电子表格，但是单元格包含的是颜色而不是数字。每一像素存储一种颜色。

像素非常小，肉眼无法看到单个的正方形。你的大脑将不同的颜色混合在一起，创造出一个逼真的图像。以这种方式创建的图像称为位图。你在计算机屏幕上看到的大多数图像都是位图。

计算机使用的每种颜色都有自己的二进制代码。计算机使用颜色码表将每一像素的颜色转换成二进制码。

示例1：存储两种颜色

在一个8×8像素的正方形网格上创建了一个简单的图像。图像只用了两种颜色：黑色和白色。计算机存储每一像素所需的所有信息都可以存储在一个位中。

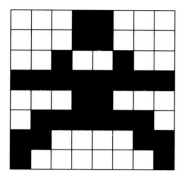

如果像素是白色的，计算机在位中存储一个1。如果像素是黑色的，计算机存储一个0。计算机可以用一字节存储这幅简单图像中每一行所需的所有信息。信息是这样的：

11100111　11100111　11011011　00000000　11100111　10000001
00111100 01111110

⚙ 活动

绘制一个8×8像素的空白网格。重建存储在下面的数字数据中的图像。从左上角到右下角。1是白方块，0是黑方块。

11111111　11100011　11011101　10101010　10111110　10100010
11011101 11100011

多种颜色的图像

大多数图像使用多种颜色。在示例1中，一个位用来存储关于像素颜色的信息。一个位只能存储两个值。为了存储更多的颜色，计算机使用更多的位。

示例2：存储更多的颜色

在这个例子中，计算机使用两个位存储单个像素的颜色信息。使用两个位意味着可以使用4种颜色编码：00、01、10和11。在这个例子中，用于存储颜色的代码是：00=黑色，01=红色，10=蓝色和11=白色。方法与示例1相同。使用更多的位意味着你可以在图像中使用更多的颜色。

真彩色

本课的例子是简单的图像，只是用来解释图像如何存储为数字数据。对于大多数图像，计算机使用多个位来存储颜色信息。

对于像图标和表情符号这样的简单图像，计算机使用一字节（8位）存储颜色信息。一字节可以存储256种不同的颜色。

照片需要超过256种颜色才能看起来逼真。计算机使用一种叫作**真彩色**的方法存储关于照片的数字数据。真彩色使用三字节存储单像素的信息。"真彩色"允许使用近1700万种颜色。

真实图片

使用更多的颜色使图像看起来更真实，这叫作**颜色深度**。添加更多的颜色可以增加颜色的深度。

另一种使图像更真实的方法是使用更多的像素，这叫作**分辨率**。使用更多的像素来显示图像可以得到高分辨率的图像。

低分辨率

高分辨率

数字声音

如果你按一个钢琴键，一个音锤敲击一根弦，弦就会振动。振动是一种声波，通过空气传到我们的耳朵。声波是连续的、平滑的。

计算机不能保存连续的数据。计算机必须将连续的数据分割成块，这些块可以以字节的形式存储在内存中，这个过程叫作**采样**。样本是某一时刻截取的声音片段。

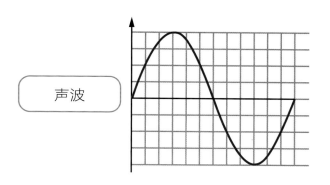

声波

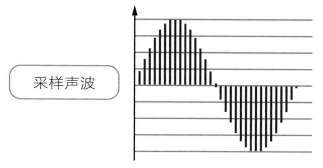

采样声波

采样时，计算机在整个录音过程中以一定的间隔测量连续的声波。计算机以数字数据的形式存储测量数据。每秒记录的采样数量称为采样率。一段数字音乐每秒被采样约44000次。

采样过程从来没有准确捕捉到声音。样本之间有缺失声音的间隙，但这些间隙很小，当我们听数字声音时，它似乎是连续的。

高质量的音频录音具有很高的采样率。在记录过程中，每秒会采集更多的样本。

数字视频

数字视频的创建方式与音频相同，采样用于捕获连续发生的事件的切片，这些切片称为帧。当帧一个接一个快速显示时，我们看到的图像就像在现实生活中一样移动。

在本单元的前面，你用动画小册创建了一个动画。该活动模拟了视频被捕获，并显示为数字数据的方式。

当视频被存储为数字文件时，图像和音频将使用本课中描述的方法分别保存。

🔧 活动

在8×8的网格中创建你自己的双色图片。

将网格中的每一行转换为一字节：白=1，黑=0。与合作伙伴交换二进制代码。

使用二进制代码重画你的同伴的图像。

 额外挑战

创建一个信息表，解释如何使用采样捕获音频，并在数字数据文件中存储音频。在网上搜索图像和更多关于采样的信息。

✅ 测验

1．用你自己的话解释如何使用像素制作数字图像。

2．描述如何在计算机上使用采样来捕获音频。

3．如何使用颜色深度和分辨率来创建高质量的图像？

4．高质量图像文件比低质量图像文件大得多，这是为什么呢？

测一测

你已经学习了：

▶ 如何把文本、图像和音频存储为数字数据；

▶ 如何在二进制和十进制之间转换；

▶ 如何进行二进制数加法运算。

尝试测试和活动。它们会帮助你了解你到底理解了多少。

测试

① 什么是位和字节？

② 以2为基数的数制的另一个名字是什么？

③ 演示如何将十进制值172转换为二进制值。

④ 演示如何将二进制数00011011和00101001相加。用十进制数做同样的求和运算，检查一下你的答案。

⑤ 解释为什么这个二进制数中的两个1的值不同：00100010。

⑥ 解释将这两个字节相加时会发生什么：01101010+10011000。

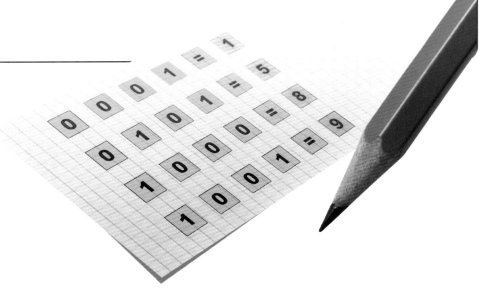

活动

做一个演示文件，向其他同学解释如何使用数字文件存储文本和图像。为你的演示文件创建以下幻灯片：

幻灯片1：解释计算机如何以数字数据的形式存储一切内容。

幻灯片2：用你自己的话解释一下计算机是如何使用ASCII码在数字文件中存储字母的。

字符	二进制码	字符	二进制码
a	01100001	0	00110000
b	01100010	1	00110001
c	01100011	2	00110010
d	01100100	3	00110011
e	01100101	4	00110100
f	01100110	5	00110101
g	01100111	6	00110110
h	01101000	7	00110111
i	01101001	8	00111000
j	01101010	9	00111001

幻灯片3：解释简单的图像如何以二进制代码的形式存储在数字文件中。

幻灯片4：解释组合两字节或三字节如何使数字文件能存储许多字符或颜色。以Unicode或真彩色为例，你可以在你的幻灯片中加入自己通过网络搜索得来的信息。

自我评估

- 我已经回答了测试题1和测试题2。
- 我为我的演示文件制作了幻灯片1。
- 我已经回答了测试题1～测试题4。
- 我为我的演讲文件制作了幻灯片1～幻灯片3。
- 我已经回答了所有的测试题。
- 我用这4张幻灯片做了一个演示文件。

重读单元中你觉得不确定的部分，再试一次测试题和活动，你这次能做得更多吗？

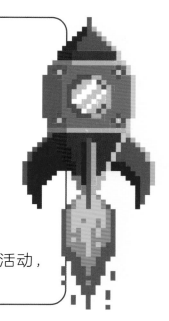

1

技术的本质：存储数据

数字素养：保证在线安全

你将学习：
► 如何认识互联网上的风险和危险；
► 如何避免互联网上的风险和危险；
► 如何负责任地使用互联网内容。

在第5册中，你学到了一个负责任的互联网用户应该是什么样的。并不是每个使用互联网的人都对自己的行为负责任，有一些人使互联网成为一个危险的地方。有罪犯企图盗取你的东西，有人试图在你的计算机上安装恶意软件，有些恃强凌弱者利用互联网来恐吓和威胁他人。

在本单元中，你将了解互联网给我们的生活带来的风险。你会学到防范这些风险所需要采取的步骤。

停止网络欺凌

分别回答下面两个问题。你在多大程度上同意这些说法？选择对你来说是正确的答案。

你在网上感觉很安全吗？	你很有信心知道如何安全上网吗？
1. 我觉得很安全。	1. 我很有信心。
2. 我觉得非常安全。	2. 我非常有信心。
3. 我既不觉得安全也不觉得不安全。	3. 我不确定自己是不是有信心。
4. 我有时担心自己有危险。	4. 我不知道如何保证安全。
5. 我认为互联网是一个危险的地方。	5. 我对如何安全上网一无所知。

收集班上每个人的回答，创建一个图表来显示不同的答案。

学习成果：负责任地使用在线资源；解释与互联网使用相关的风险；讨论在网上工作时如何收集数据。

网络犯罪

恶意软件

黑客

身份盗窃

病毒

网络欺凌

勒索软件

谈一谈

　　你在使用互联网时所面临的一些威胁如上所示。你将在本单元学习更多关于这些威胁的知识，其中一些你可能已经听说过。与你的小组成员分享你已经知道的威胁。

　　你最担心哪种威胁？你会做什么来保证网上的安全？

你知道吗？

　　到2021年，网络犯罪造成的损失达到每年6万亿美元。全世界的企业将花费1万亿美元来保护自己免受互联网犯罪的侵害。

网络犯罪

黑客　恶意软件　网络欺凌　杀毒软件

网上购物　电子商务　安全网站

cookie　知识产权

版权　抄袭　防火墙

本课中

你将学习：

► 如何在线收集数据；

► 如何在网站上使用cookie。

在网上寻找信息

寻找信息的理由有很多。你可以在网上搜索地理项目的信息。你可以在网上寻找评论，以帮助你决定哪种智能手机最适合你。

在现代世界，互联网上通常有你需要的信息。当你使用互联网时，你也给互联网提供了信息。这节课你将学习网站如何收集关于你的数据。

在线注册

社交媒体和购物网站等网站通常会要求你注册后才能使用。**注册**意味着成为网站的会员。你填写一个在线表格，并向网站所有者提供关于你自己的信息。

作为注册的回报，你会得到一些好处。例如，你可以：

- 阅读对非注册用户隐藏的页面；

- 在聊天室和留声板上留言；

- 添加内容；

- 新内容添加到网站时获得电子邮件更新；

- 下载软件。

你应该提供哪些信息

网站所有者应该只收集他们需要的信息，例如用户名和密码。他们可能还需要联系方式，例如电子邮件地址。有些网站会询问一些非必填的信息，例如你的电话号码或生日。注册时不必提供非必填信息。当你在网上填写表格时，一定要考虑哪些是你必须提供的信息。

假设你设计了一个关于你最喜欢的计算机游戏的新网站。你的网站有一个聊天室，这样朋友们就可以讨论游戏，分享游戏技巧。当你的朋友注册时，你会从他们那里收集什么信息？设计一个在你的网站上使用的注册表格。

网上购物

网上购买被称为网上购物或电子商务。购物网站在人们购物时收集数据。购物网站收集的一些数据属于个人数据，包括：

- 银行信息，这样我们就可以为所购物品或服务支付款项；

- 地址和其他联系方式，这样购物网站就可以交付所购物品或服务。

网站所有者必须妥善保管个人资料。罪犯可以利用一个人的银行信息从他们的银行账户里偷钱。罪犯可以使用个人信息，如地址来冒充（假装）这个人，然后以他们的名义犯罪。

互联网商店使用**安全的网站**来保护数据。一个安全的网站对**通过互联网发送的信息**进行加密。加密数据是经过编码的。如果罪犯窃取了数据，他们将无法读取或使用数据。

网站安全吗

当你浏览网页时，有两个线索告诉你一个网站是安全的。

如果网站不安全，千万不要通过互联网发送信息。然而，并不是所有安全的站点都可以安全使用。发送信息的最安全方式是使用你以前使用过并且可以信任的安全站点。

cookie

cookie是当你访问一个网站时存储在计算机上的一个小文件。cookie保存有关你如何使用网页的信息。网站利用这些信息来改善你使用该网站的体验。

Cookies 与安全

本网站使用cookies。
如果你继续浏览本网站，则表明你同意我们使用cookies。

了解更多　　　　　接受

cookie类型

cookie有4种类型。

- **基本cookie**对于一个网站达到设计功能是必要的。在一个网上购物网站上，购物篮功能需要cookie才能正常工作。

- **性能cookie**收集有关你如何使用网站的信息。网站的所有者使用这些信息来提高网站的性能。

- **功能cookie**记录你在网页上做了什么。这些信息用于为你个性化网页。

- **广告cookie**记录你在网上看的内容。这些信息用于个性化网页上显示的广告。

cookie用来做什么

使用cookie主要有两个原因：

- cookie使网站的使用更加容易。例如，如果你在一个网站上完成了一个表单，信息将被保存在一个cookie中。这意味着网站可以在你下次使用时自动完成表单。

- cookie用于个性化网站。例如：

  - 一个cookie可以存储你的位置。这些信息可用于确保你看到本地的天气报告和事件。

  - 广告商使用cookie来确保他们向你展示你感兴趣的事件和产品的广告。他们可以从你的浏览历史中收集这些信息。

  - 可以根据你的兴趣定制你看到的新闻故事。

你知道吗？

第一家网上商店叫作NetMarket。1994年它完成首次销售。2021年，全球有二十多亿人在网上购物。

cookie和法律

收集的信息对广告商来说通常是非常有价值的。一些网站所有者将信息出售给广告商和其他组织，如政党。一些cookie被用来收集有价值的信息，然后出售。这些被称为跟踪cookie。

有些人担心跟踪cookie会被用来影响我们的观点，影响我们在选举中投票的方式。

一些国家的政府已经通过了关于使用cookie的法律。网站所有者必须明确宣告他们的网站使用的cookie和他们使用cookie的目的。这些法律使人们更容易决定哪些可以接受，哪些可以拒绝。

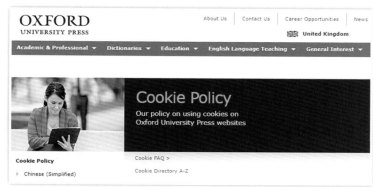

🔧 活动

绘制一个有两列的表，如下图所示。

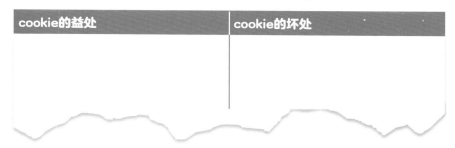

cookie的益处	cookie的坏处

在第一列中列出cookie使互联网使用变得更好的所有方式，第二列列出使用cookie的所有不好的事情。

➡️ 额外挑战

搜索网页以找到更多关于cookie的信息，将你发现的任何新信息添加到你在活动中创建的表中。

✅ 测验

1. 请说出两个在网上收集数据的原因。
2. 网站使用cookie的两个主要原因是什么？
3. 解释cookie如何用于个性化网站。举个例子。
4. 为什么人们担心在网站上使用cookie？

2.2 网上的危险

本课中

你将学习：

▶ 关于你在网上面临的来自网络犯罪的风险。

网络犯罪

你在互联网上面临的一个风险是**网络犯罪**。**网络罪犯**是指利用互联网犯罪的人。一些网络罪犯在互联网上非法售卖物品。一些网络犯罪试图从人们那里窃取金钱和其他财产。

网络犯罪的方法

犯罪分子使用几种方法来窃取人们的金钱和身份：

- **身份盗窃**。犯罪分子窃取个人信息，如个人姓名和地址。他们还窃取官方信息，如社会安全号码或护照号码。罪犯可以用盗来的身份冒充别人。他们可以以别人的名义开立银行账户或信用卡账户，然后用这些假账户购买商品或从银行窃取金钱。

- **网络钓鱼**。罪犯创建一个假冒的网站，看起来像真实的银行或网上购物网站的官方网站。然后，罪犯会写一封伪造的电子邮件，看起来像是来自银行或购物网站。

    该邮件告诉接收邮件的人，他们的账户有问题，他们必须登录解决问题，附上一个假网站的链接。当用户登录时，虚假网站会记录下他们的用户名和密码。然后，罪犯就可以利用这个人的登录信息来盗窃财产。

螺旋回顾

在第6册中，你学习了如何负责任地上网，以及如何尊重其他互联网用户。并不是每一个互联网用户的行为都是负责任的。一些用户的行为是无礼的。有些用户参与犯罪活动。在本节课和2.3课中，你将学习如何识别互联网上的犯罪活动，从而保护自己。

只有一小部分人会被网络钓鱼邮件所愚弄，但每个受害者都可能损失成百上千美元。

- **诈骗**。罪犯发送电子邮件索要金钱。有时，电子邮件会威胁受害者欠钱，如果他们不还钱，就必须上法庭。有时电子邮件会以很低的价格出售某些东西，或者要求捐赠给慈善机构。骗子也使用社交媒体网站。

  如果犯罪分子向足够多的受害者发送电子邮件，就会有人被欺骗，将钱寄给犯罪分子。

- **黑客**。犯罪分子闯入计算机系统，通常是为了窃取文件或个人信息。黑客通常试图侵入存有大量个人信息的计算机系统。银行系统是黑客攻击的常见类型。

你知道吗？

　　银行和其他机构有时会雇佣黑客试图侵入他们的系统，由此暴露系统不安全的弱点。然后，该机构可以修复这些弱点以免受恶意黑客的攻击。

创造力

　　制作一张海报，警告网络犯罪的危险。使用本课中的部分或全部关键词。在互联网上搜索一个图像来配合你的海报。你的海报可以警告所有类型的网络犯罪的危险，或者它可以针对一种类型的网络犯罪，如身份盗窃。

恶意软件

恶意软件是罪犯安装在计算机上的软件。一些类型的恶意软件用于窃取个人信息。有些恶意软件的设计目的是破坏文件或阻止计算机正常工作。恶意软件类型有：

- **病毒**。传播并感染它遇到的文件。这种病毒很难治愈，有些病毒是相对无害的。例如，它们会在你的屏幕上弹出信息。有些病毒更危险，它们可能破坏文件和窃取个人数据。

- **木马**。隐藏在另一个程序内，例如游戏内的恶意软件。当有人使用该程序时，恶意软件就会被释放并开始工作。木马很受网络罪犯的欢迎，因为它们易于编写和传播。

- **勒索软件**。加密计算机上的所有数据。这意味着数据就不能使用了。勒索软件攻击的受害者会收到一条信息，要求支付一笔钱来解除加密。

- **间谍软件**。坐在计算机前，记录用户输入的内容。犯罪分子可以使用间谍软件来发现登录细节。

- **广告软件**。在计算机上放置不想要的广告。广告通常显示另一个网页，如社交媒体或互联网购物网站。广告软件不像其他恶意软件那样具有破坏性，但它可能令人讨厌。如果你的计算机上有广告软件，这是一个警告，你的计算机容易受到其他更危险的恶意软件的攻击。

犯罪分子经常利用电子邮件传播恶意软件。他们经常发送虚假的电子邮件，这些邮件的主题往往促使你打开邮件。例如，电子邮件的主题可能会说你在比赛中获奖，或者警告你，你的计算机有一个严重的问题需要处理。

电子邮件鼓动你打开或安装软件应用程序，或者打开一个文档。该文档包含恶意软件，所以当你打开文件时，你的计算机就会感染恶意软件。

最严重的恶意软件攻击之一是叫作"魔窟"（WannaCry）的勒索攻击软件。它影响了150个国家的20万台计算机。"永恒之蓝"关闭了包括一些医院系统在内的重要计算机系统，因此医院不得不取消业务操作。这类攻击造成的损失估计为400万至800万美元。

活动

阅读"你知道吗"小节，在互联网上搜索其他发生过的主要恶意软件攻击。选择一个你感兴趣的恶意软件攻击，写一篇关于这次袭击的简短描述。你可以在描述中包括以下内容：

- 恶意软件的名称；
- 恶意软件的类型；
- 恶意软件；
- 发生攻击时的影响；
- 受影响的人数；
- 攻击的代价；
- 负责攻击的人或团体。

额外挑战

特洛伊恶意软件有时也称为"特洛伊木马"恶意软件。它的名字来自一个古希腊故事。搜索一下互联网，找出最初的特洛伊木马是什么。为什么用"特洛伊木马"命名这种类型的恶意软件？

测验

1. 说出三种类型的恶意软件。

2. 什么是勒索软件？为什么它是危险的？

3. 解释为什么被盗的身份对罪犯来说是有价值的。

4. 描述犯罪分子如何使用电子邮件传播恶意软件。

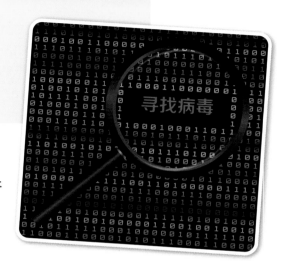

本课中

你将学习：

▶ 如何防止恶意软件和黑客侵害你的计算机。

杀毒软件

你可以通过在你的计算机上安装**反病毒软件**（简称**杀毒软件**）防止恶意软件造成损害。反病毒软件可以对付所有恶意软件的威胁，而不仅仅是病毒。杀毒软件安装在你的计算机上，寻找恶意软件。

杀毒软件的工作原理

每个恶意软件都有"指纹"。指纹是恶意软件独有的一段程序代码。这种指纹被称为**特征**。杀毒软件包含恶意软件特征的数据库。

杀毒软件会不断检查你计算机上的文件，寻找恶意软件的特征。如果你的杀毒软件在一个文件中发现了恶意软件的特征，它会将该文件**隔离**，这意味着计算机无法打开该文件。

现代杀毒软件可以很好地保护你的计算机。但有时杀毒软件无法检测到恶意软件。一个新的恶意软件刚被开发出来时，你的杀毒软件将无法识别它，因为恶意软件的特征将不在特征数据库中。

杀毒软件定期更新特征库。你的计算机随时容易受到新的恶意软件的攻击。

有很多公司生产杀毒软件。诺顿和卡巴斯基就是两个例子。在网上搜索其他杀毒软件软件包的名称。查找不同品牌的杀毒软件的评论。在每个产品的评论中记下优点和缺点。

防火墙

杀毒软件检测和隔离包含恶意软件的文件。另一种保护计算机的软件是**防火墙**。

防火墙像城堡一样包围和保护着你的计算机。防火墙会检查所有的数据，然后才允许数据通过防火墙的大门。只有来自安全源头的数据才能通过这堵墙。

防火墙和杀毒软件配合工作，以保护你的计算机免受恶意软件的损害。

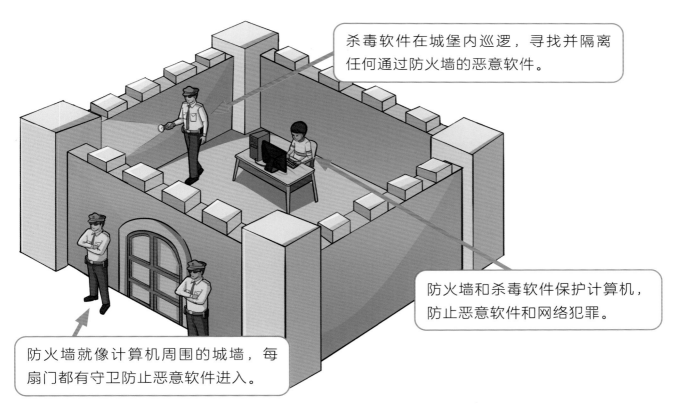

杀毒软件在城堡内巡逻，寻找并隔离任何通过防火墙的恶意软件。

防火墙和杀毒软件保护计算机，防止恶意软件和网络犯罪。

防火墙就像计算机周围的城墙，每扇门都有守卫防止恶意软件进入。

安全使用计算机

当你使用计算机时，你可以通过负责任和安全的行为来提高安全性。

使用防火墙和杀毒软件

永远不要关闭计算机上的防火墙或杀毒软件。不要更改软件中的任何设置。如果你这样做了，你的计算机就会被恶意软件入侵。

安全使用电子邮件

恶意软件可能来自电子邮件的附件。如果你打开电子邮件的附件，你可能会允许罪犯进入你的计算机。罪犯和黑客利用具有误导性的电子邮件标题来引诱你打开邮件。例如：

"恭喜你！你在我们的免费抽奖中得了第一名。"

"警告！你的账户即将被关闭。你必须马上行动！"

警惕来自你不认识的人的电子邮件。即使是看似真实的电子邮件也可能是"高仿真"的冒牌货。一封诚实的电子邮件不会要求你提供个人信息或登录信息。

安全使用网络

当你搜索网页时，只使用你信任的网站。你下载的文件可能包含恶意软件，下载应用程序和游戏尤其危险。如果你正在下载软件，一定要使用官方网站。

浏览网页时，你有时会看到消息，告诉你的计算机有问题。该消息将告诉你需要下载软件来解决这个问题。请勿下载该软件。关闭该网页。

我们检测到你计算机上的病毒防护有问题。
你应该立即扫描病毒。

下载病毒扫描器

当你在线时，千万不要单击出现的邮件中的链接。

更新软件

保持你计算机上的软件是最新的。软件公司经常检查它们的软件错误。有时它们会发现安全错误。罪犯和黑客利用安全错误来访问计算机。

如果你的软件供应商向你发送更新信息，请立即更新你的软件。更新后的版本将使犯罪分子更难安装恶意软件。如果你认为一条更新消息可能是恶意的，在接受它之前先和成年人确认一下。

在第 5 册中，你学习了如何使用强密码。始终使用黑客难以猜测的强密码。

螺旋回顾

你的软件供应商会向屏幕上的窗口发送更新信息，而不是电子邮件。

安全保管密码

使用包含大小写字母、数字和其他字符（例如$）的强密码。密码长度至少为8个字符。

定期修改密码。这使得黑客即使成功窃取了你的密码，也更难进入你的计算机。如果你认为你的密码被盗了，立即更改它。

密码要保密，不要分享，也不要写下来。

活动

写一篇关于如何安全在线工作和避免恶意软件风险的指南。

额外挑战

在第5册中，学习了创建强密码的口令短语方法。在网上搜索另一种创建强密码的方法。写出带有示例的指南，并将这些内容添加到你的在线安全工作指南中。

你知道吗？

黑客使用特殊软件破解密码。长达7个字符的弱密码可以在不到1秒的时间内被破解。一个长达12个字符的强密码可能需要200年才能破解。

测验

1. 说出两种可以用来保护你的计算机免受恶意软件侵害的软件。

2. 为什么定期更新计算机上的软件是很重要的？

3. 解释杀毒软件和防火墙是如何配合工作的。

4. 解释为什么要小心打开电子邮件的附件。

本课中

你将学习：

► 网络欺凌在互联网上可能是一种危险；

► 网络欺凌如何进行；

► 如果你遭遇了网络欺凌该怎么办。

网络欺凌是什么

利用互联网欺负别人的人被称为**网络恶霸**（简称网霸）。

网络欺凌是一个严重的问题。在一些国家，超过50%的年轻人经历过网络欺凌。网络欺凌经常发生在社交媒体网站上，但欺凌者也使用电子邮件和短信。

网霸使用的方法

- **骚扰**——欺凌者通过短信或即时消息发送威胁信息，这是一种严重的欺凌行为。这些信息经常会造成人身威胁，后果可能非常可怕。

- **模仿**——欺凌者选择一个目标（一个他们想要欺负的人），然后假装发送来自目标的消息。这些信息被发送给知道目标的人。目的是在目标和他们的朋友之间制造麻烦。

- **排斥**——欺凌者发送信息，公开将目标排除在社会群体和活动之外。例如，欺凌者在社交媒体网站上发布一条信息，说目标没有被邀请参加某个活动。

- **羞辱**——欺凌者传播关于目标的谣言（不真实的故事和观点）。这些谣言旨在羞辱和奚落目标。

- **照片**——一些网络恶霸用他们的智能手机给目标拍照，然后他们通过短信或社交媒体分享这些照片。他们有时会把这些照片用在骚扰信息中。

创造力

写一个关于网络欺凌的小故事。选择一个网络恶霸使用的方法。描述一个恃强凌弱者使用这种方法的事件。被欺凌者被欺凌的感觉如何？他们做了什么？为什么恃强凌弱者会那样做？

网络欺凌的影响

网络欺凌是恶意和持久的，似乎不可能逃脱。恃强凌弱者可以通过短信和社交媒体帖子随时发动攻击。被欺凌对象即使在家里也会通过互联网受到欺凌。

网络欺凌通常是匿名的。不知道是谁实施了欺凌行为，这让事情变得更加可怕。如果你是目标，网络欺凌可能是毁灭性的，它可以影响你生活的方方面面。

自信心

无论目标对象多么努力试图忽视网络欺凌，欺凌都会影响他们的自信。缺乏自信会导致焦虑和抑郁。经常成为谣言和嘲笑的目标会让人感到无力和脆弱。

孤独

被欺凌是一种孤独的经历。被欺凌的人常常觉得没人能帮助他们。他们感到孤立，这可能会导致他们与家人和朋友的关系困难。网络欺凌的目标可能会与他们的家庭和社会群体隔绝。

在学校表现

受欺凌的人有时在学校表现不佳。网络欺凌影响了他们的学业，他们很难在课堂上集中注意力。在极端情况下，这个人可能会开始缺课，不再喜欢学习或与学校的朋友在一起。

改变性格

被欺凌会改变一个人的行为和性格。一个通常和蔼可亲、尊重他人的人可能会开始行为不端或变得咄咄逼人。由欺凌引起的压力也会导致睡眠和饮食习惯问题。这个人甚至可能会生病。

2

数字素养：保证在线安全

什么导致了网络恶霸

　　如果你不幸成为网络欺凌者的目标，你很容易认为被人欺凌某种程度上要怪自己。重要的是要意识到你不应该受到任何责备。有很多原因可以解释为什么有人会成为网络恶霸。

> 网络恶霸想要报复曾经受到的伤害。但是，被他们欺负的人极少是曾经伤害过他们的人。

> 网络恶霸把自己的不快乐和不安全感转嫁给别人。

> 网络恶霸希望别人喜欢和钦佩他们。

> 网络恶霸嫉妒他们所欺负的人。

> 网络欺凌者可以匿名，这样他们就相信不会因为他们的欺凌行为而受到惩罚。

> 网络恶霸觉得别人与自己不同是对他的威胁。

遭遇网络欺凌该怎么办

如果看到有人被欺凌

- 注意不要加入。当你看到一篇取笑别人的帖子时，千万不要点"赞"——即使是玩笑。这样，你会鼓励网络欺凌者，让帖子所针对的人感到沮丧。

- 对被欺凌的人说些积极、正能量的话，显示你的支持会让被欺凌者能更容易挺过所受的伤害。

- 提供支持和友谊。如果被欺凌的人需要的话，让他们倾诉，鼓励他们和成年人谈论欺凌事件。

如果你被欺凌了

- 收集证据。对帖子进行截屏，这样即使帖子被删除了，你也能有记录。

- 和你信任的人，如朋友、家人或老师谈论欺凌的事情。

- 不要回应欺凌。回应只会鼓励欺凌者，使情况变得更糟。

- 离线一段时间。

⚙ 活动

写一张关于如何应对网络欺凌的信息表。如果你有时间做额外挑战，使用一些你在网络搜索中找到的信息。

➡ 额外挑战

搜索互联网，找到一个或多个在如何处理网络欺凌方面提供良好信息的网站，将这些站点添加到你的书签列表中。

✔ 测验

1. 如果你在网上受到欺凌，列出你应该采取的行动。

2. 解释网络恶霸使用的两种方法。

3. 解释为什么某人会在网上欺凌另一个人。

4. 如果你在手机或计算机上收到威胁信息，你应该怎么做？

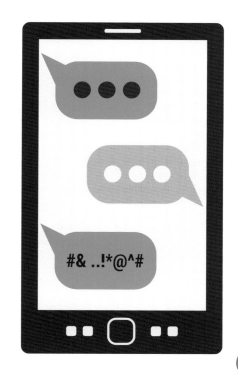

本课中

你将学习：

► 什么是知识产权；

► 如何负责任地、合法地使用互联网内容。

在本单元中，你已经学习了罪犯如何在网上造成危害。金钱盗窃和身份盗窃是互联网上的一个严重问题。另一个问题是知识产权的盗窃。

知识产权

知识产权指的是你用你的头脑（智力）创造的东西，并且你拥有它。

知识产权可以是：

* 书面作品：书籍、诗歌、文章和网页。

* 图像和艺术品：漫画、绘画、照片和雕塑。

* 音乐和歌曲。

* 计划和设计。

* 计算机软件和游戏。

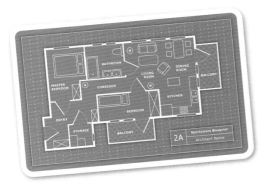

知识产权保护作品的创作者。他人窃取或误用作品是违法的。你只能在别人允许的情况下使用他们的作品。

版权、商标和专利

知识产权有不同的类型，每一个都有自己的象征符号。

知识产权类型	符号	说　　明
版权	©	版权意味着你对自己的作品拥有所属权。其他人在使用前必须得到你的许可。你自动拥有你所创作的任何作品的版权
商标	TM	公司使用商标来保护标识（logo）、口号和产品名称。微软的logo是一个商标
专利	Ⓟ	发明者使用专利来保护他们的新发明。专利可以阻止其他人复制发明并声称是自己的想法
注册设计	Ⓡ	这是用来保护设计，如墙纸和地毯图案

探索更多

你在家里和学校每周都使用设备和书籍，使用网站，从商店购买食物和其他物品。仔细检查你使用和购买的所有物品。你能找到表格中所描述的4种类型的知识产权的例子吗？

版权对你意味着什么

在下列情况下你可以合法使用别人的作品：

- 你购买了他们的作品。它可能是一个应用程序、游戏或音乐作品。该作品附带了允许你使用它的许可证。许可将确切地告诉你可以做什么，不能做什么。

- 作品的所有者已经允许你使用他们的作品。所有者会告诉你可以做什么，不能做什么。例如，你可以在自己的作品中使用图片，但不能更改它。

软件盗版

版权盗窃是网络犯罪的一种。罪犯复制音乐、游戏和电影，通常通过互联网出售副本。这种类型的犯罪被称为盗版。当软件被非法复制和出售时，就称为软件盗版。当软件、音乐和游戏的合法副本被出售时，作品的创作者会从每笔销售中获得一些钱。当盗版被出售时，创作者不会得到一分钱。

下载和使用盗版软件和其他文件是非法的。

活动

找一个小伙伴配对练习，或加入一个小组开展小组活动。从非官方网页下载软件可能是个坏主意，请列出你支持这个观点的所有理由。

2

数字素养：保证在线安全

在网上寻找图像

许多软件应用程序，例如像Wix这样的网络编辑工具和像Microsoft PowerPoint这样的演示软件提供你可以使用的图像。你也可以使用你在网上找到的许多图片。

知识共享

许多内容所有者在互联网上免费提供他们的图像。他们使用一种叫作"**知识共享**"（Creative Commons）的特殊许可。知识共享允许你使用图像，而不需要获得图像所有者的许可。知识共享的音乐和视频内容也是可用的。

如何找到知识共享图像

有一些网站允许你搜索知识共享的图片。本例中使用的是Wikimedia Commons，其他网站包括Pixabay和Unsplash。

在搜索框中输入图像的关键字。在这个例子中搜索的是"Lions"。你的搜索将为你提供一个匹配你的关键词的图像列表。有时，你会看到一个页面，上面有关于你所搜索的主题的信息，向下滚动页面以找到所选的图像，有时你只会看到一个链接列表。

单击图像会打开一个图片浏览器，浏览器将显示你所选择的图像，下面有关于图片的信息。

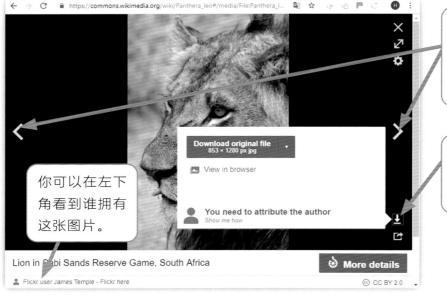

页面左边和右边的箭头让你可以在图像之间移动，而无须返回到搜索列表。

单击下载按钮，下载框提醒你必须将作者的姓名（署名）标注出来。

你可以在左下角看到谁拥有这张图片。

对你使用的图像标明出处

知识共享图像的所有者允许你使用该图像。大多数所有者会要求你对所引用作品标明出处。标明出处应该包括所有者的名字和图像原网站的链接。

在You need to attribute the author（你需要标明作者的信息）信息下面是一个Show me how（告诉我怎么做）的链接。如果你单击链接，网站会提供一行文字，当你使用图片时，你可以使用它来标明图像的出处。

```
You need to attribute the author                    ◢

  By Flickr user James Temple - Flickr here, CC BY 2.0, h
```

选择图形下载站点

当你搜索知识共享文件时，确保你使用一个你可以信任的网站。你从网上下载的数据文件可能包含恶意软件。如果你对某个网站不确定，在下载任何文件之前向成年人征求意见。

活动

使用维基百科或老师推荐的其他网站搜索老虎的图片。下载图像并将其添加到文字处理文档中，在图片下方插入网站提供的图像版权信息。

额外挑战

搜索一下网络，找出软件盗版的法律惩罚是什么。不同国家的处罚不同。你可能需要在搜索字符串中添加你的国家的名称。

测验

1. 列出两种知识产权。

2. 当你使用别人的作品时，你应该在标明作品出处时使用什么信息？

3. 解释为什么知识产权盗窃和软件盗版伤害了内容所有者。

4. 当你为你的作品寻找图片时，使用知识共享图像，解释为什么这种做法是个好主意。

2.6 标明出处

本课中

你将学习：

▶ 当你使用另一个人的作品时，如何标明出处；

▶ 如何写引文。

使用引用

如何为引用的图像注明出处

在上一节课中，你学习了如何在网络上找到知识共享图像。知识共享图像是由制作它们的人分享的。你可以免费使用大多数知识共享材料，但你必须注明出处，把功劳归于内容的所有者。你用来标明出处的文本被称为**引文**或**归因**。

在本课中，你从维基媒体共享网站下载了一幅图片。你了解了该网站如何提供引文供你与下载的图像配合使用。

知识共享引用包括所有者的名字和维基媒体网站上的图片链接。它看起来是这样的：

> By Winfried Bruenken (Amrum) – Own work, CC BY-SA 2.5,
>
> https://commons.wikimedia.org/w/index.php?curid=1585973

自己写引文

有时作品的所有者没有提供引文供你使用。在这种情况下，你需要自己写引文。你应该在引文中包含4部分信息：

- **作者**：创建作品的人的名字。
- **年份**：作品诞生的时间。
- **标题**：例如，你引用的文章的标题或你想使用的图片的标题。
- **互联网地址**：作品的网站的地址。如果你使用的作品不是来自互联网，使用你发现该作品的书籍或报纸的标题。

⚙ **活动**

下一页的顶部有一篇新闻文章，你能找到这篇文章的引文所需的4部分信息吗？为这篇文章写一个引文。

有时候你找不到你需要的一部分信息，别担心，就使用你能找到的吧。

如何在你的作品中使用引文

你应该为你所使用的不是你自己的作品的每一段内容添加一个引文。添加引文很简单：

- 在图片或引用文本下面直接键入或粘贴引文。

- 使用比文档的正文稍小的字体。例如，如果你的文档中的文字是12磅，那么引文使用10磅。

下面是一个引用幻灯片的例子：

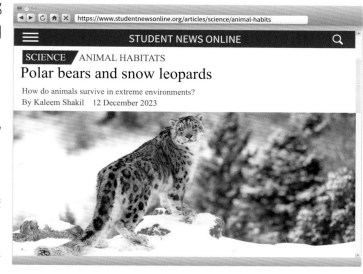

你可以使用相同的方法为其他类型的内容添加引文。例如，你可以使用视频或引用报纸文章，你可能会找到一个你想在你的作品中使用的图表或表格。在任何情况下，都要在内容下面添加引文。

> **请回答52页上的活动**
>
> 显示在第53页顶部的文章的引文，如下所示：
>
> Kaleem Shakil, 2023, Polar bears and snow leopards, www.studentnewsonline.org
>
> 引文包括作者姓名、文章撰写年份、文章标题和网址。你在网页上找到了所有的信息了吗？如果没有，再看一遍图片，找到引文的4部分。

为什么引用很重要

有4个原因可以解释为什么使用他人的作品时标明出处很重要。

- 你将致谢创建内容的人。在互联网上的不诚实行为通常涉及金钱损失，例如窃取某人的身份或他们的知识产权。但是创造内容的人不仅仅关心赚钱，人们努力创造新的内容，并为此感到自豪。他们想因为创造内容而得到赞誉。

- 人们使用互联网来寻找信息。他们使用从一个文档到另一个文档的网络链接来寻找新的知识。阅读你的作品的人可以通过你引用的链接了解更多关于某个主题的信息。

- 引用说明什么是你的作品，什么是别人的作品。在自己的作品中使用别人的知识并没有错，这是学习的一个重要部分。但你千万不要假装别人的作品是你自己的，这叫作**剽窃**。如果你正确使用引文，没有人能指责你剽窃。

- 引用他人作品说明你已经开始通过研究来完成学校作业。

⏻ 未来的数字公民

互联网可能是危险的。当你上网时，你可以通过做正确的事情来让自己和他人更安全。

作为未来的数字公民，记住要谨慎，要质疑你在互联网上看到和读到的一切。保持你的网络技能和知识与时俱进。分享你的知识，支持正在学习如何使用互联网的朋友和家人。

好好利用互联网，你会在学习、工作和日常生活中享受到它的好处。创建电子学习材料是一项结合创造性工作和计算机技能的工作，这是你将来会考虑的职业吗？

⚙ 活动

使用文字处理软件或演示软件创建一个关于你的爱好或兴趣的简短文本。

写一段文字，解释一下你为什么喜欢这个爱好或兴趣。

找一个相关的知识共享图像来说明你写的文字。

在网上搜索关于你的爱好或兴趣的有趣的知识或引文。

添加图片和引文或有趣的事实。

➥ 额外挑战

当你从网络上下载图片和视频时，你必须确信你下载的网站是安全的，内容不会有恶意软件。在上节课中，我们提到了两个可以替代维基共享的网站：Pixabay和Unsplash。选择其中一个，并在网上搜索你所选网站的评论。

✓ 测验

1. 为什么在知识共享网站上搜索图片是个好主意？

2. 如果你想在作业中使用别人的内容，你必须做什么？

3. 什么是剽窃？

4. 如何使用引用改进你的作品？

测一测

你已经学习了：
► 如何认识互联网上的风险和危险；
► 如何避免互联网上的风险和危险；
► 如何负责任地使用互联网内容。

尝试测试和活动。它们会帮助你了解你到底理解了多少。

活动

为同学们制作一份名为"在线保护自己"的指南。你可以将指南以文字处理文档、带幻灯片的演示文档或一系列网页的形式呈现。

1. 说说为什么在网上保护自己很重要。

2. 解释人们在网上面临的一些风险，可以包括网络欺凌、恶意软件或其他你知道的风险。

3. 添加有关人们如何在网上保护自己免受风险的信息。例如，他们可以安装杀毒软件并保持更新。

你可以使用本单元的信息，并在网上搜索以找到知识和图片来说明你的指南。

记得为你使用的任何引文和图片标明出处。

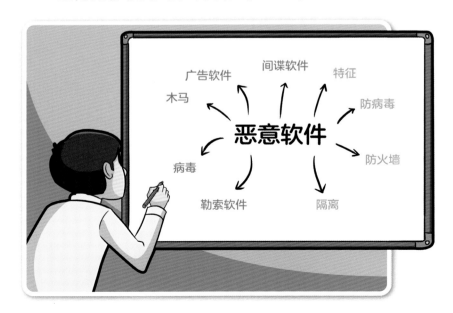

测试

在本单元中，你已经使用了网站。这个测试是关于你使用过的网站。

❶ 想一个你曾经用来获取信息的网站。

　　a. 写下网站的名字。

　　b. 写下一条你从这个网站上得到的信息。

❷ 想一个你看过的一个在线表单。

　　a. 描述在线表单。

　　b. 写下一项通过填写在线表单收集的数据。

❸ 什么是网站cookie？cookie的用途是什么？

❹ 你的作品中可能包括网站上的信息，但是你必须说明你从哪里获得的信息。解释如何注明引用了他人的工作。

❺ 解释cookie如何让网站更容易使用。

❻ 解释为什么知识产权对摄影师很重要。

自我评估

- 我回答了测试题1和测试题2。

- 完成活动1。我创建了一个指南，解释了为什么在网上保护自己很重要。

- 我回答了测试题1~测试题4。

- 完成了活动1和活动2。我在指南中解释了人们在网上面临的一些风险。

- 我回答了所有的测试题。

- 我完成了所有活动。我描述了人们如何在网上保护自己免受风险。

重读单元中你觉得不确定的部分。再试一次测试题和活动，这次你能做得更多吗？

计算思维：编程语言

▶ 如何用Scratch和Python编写程序；

▶ 如何将命令保存为程序文件；

▶ 关于编程语言之间的差异；

▶ 当计算机运行程序时会发生什么。

中文界面图

有许多不同的编程语言，程序员可以用它们来创建计算机程序。在本单元中，你将使用两种编程语言编写程序：Scratch和Python。你将看到用Scratch制作的程序。你将学习如何用Python编写程序来做同样的事情。你会发现这两种语言的不同之处和相同之处。你还将了解当你在计算机上运行计算机程序时会发生什么。

不插电活动

本系列的前几册书探讨了如何使用Scratch编程语言。

你以前用过Scratch吗？

用过：

写一篇关于Scratch程序的描述。你知道哪些Scratch命令？尽可能多地写下来。

没有用过：

找出Scratch，为这个单元做好准备。阅读本系列前几册书来了解更多信息。

学习成果：使用一种以上的编程语言；描述如何存储和执行程序命令。

Python和Scratch都是免费使用的。那些热爱编程的人开发了这些语言。这些语言免费的原因是为了鼓励人们编写程序。

一个叫吉多·范罗苏姆（Guido van Rossum）的程序员在1991年开发了Python。此后，许多程序员在Python上工作，为它提供额外的特性。你可以从Python网站下载Python副本。

Scratch于2003年由麻省理工学院开发。它是一群程序员共同努力的结果。你可以在Scratch网站上使用Scratch。

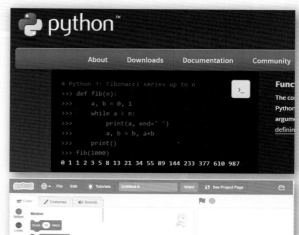

谈一谈

一个可以随时使用的程序就是**应用软件**—— 通常简称为app。你有装有应用程序的智能手机吗？智能手机应用的例子包括社交媒体、信息服务、地图和游戏等。你最喜欢的智能手机应用程序是什么？你认为未来会出现哪些新的应用程序？

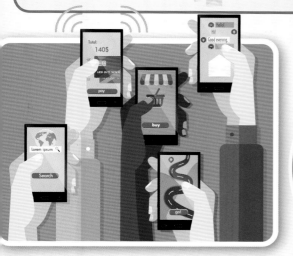

Python Shell
错误消息　机器码
IDE(集成开发环境)　源代码
编译　赋值　字符串
界面　可执行文件

3 计算思维：编程语言

本课中

你将学习：

▶ 如何制作程序界面；
▶ 如何使用算术运算符。

中文界面图

螺旋回顾

在前几册中，你使用Scratch编程语言编写程序。在本课程中，你将制作一个Scratch程序。如果你以前没有使用Scratch编写过程序，请阅读前几册书，学习如何使用Scratch。

程序需求

在你规划和编写程序之前，你需要知道**程序**的需求是什么。需求告诉你程序必须做什么。这里有一个需求示例：

用户输入两个数字。用户选择一个算术运算符（加、减、乘或除）。该程序输出用户选择的计算结果。

在本单元中，你将编写一个符合这一需求的程序。

算术运算符

运算符是程序设计中使用的符号和术语。操作符用于更改值。

上面的程序需求提到了**算术运算符**。这些是执行数学计算的运算符：加、减、乘、除。在Scratch中，这些操作符是绿色积木块。

这4个算术运算符如下表所示。对于这些算术运算符，几乎所有的编程语言都使用相同的符号。

运 算 符	作 用
+	加
−	减
*	乘
/	除

运算符

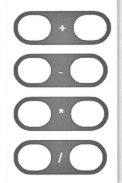

算法

算法是解决问题的规划。程序员通常在开始规划他们的程序时，使用程序需求中设定问题的简单版本。程序员设计算法来解决更简单的问题。之后，他们将添加额外的功能来满足全部需求。

这是你将在本课中使用的方法。下面是程序需求中问题的简单版本：

输入两个值，并输出将它们相加的结果。

先做一个算法来解决这个简单的问题。算法必须列出程序的输入和输出。它还必须设定转换输入，以创建所需输出的过程。

```
input  number 1
input  number 2
result  =  number 1 + number 2
output  the result
```

创建界面

每个程序都有一个**界面**。界面是用户与程序交互的方式，允许用户输入，还提供输出。

程序的**输入**包括：

- 触摸屏幕；
- 用鼠标单击；
- 在键盘上打字。

程序的**输出**可以包括：

- 屏幕显示，包括字词和颜色；
- 声音，包括口语单词和声音效果；
- 物体的运动。

在Scratch中创建一个界面

Scratch可以很容易地创建一个多彩的界面。Scratch程序控制屏幕上被称为角色的对象。你可以将角色用于输入和输出。

- **获取输入**：你可以让角色在话泡泡中提问，将出现一个用于用户输入的框。

- **显示输出**：你可以让角色在话泡泡中输出。

这是一个带有角色和彩色背景的Scratch界面。

(⚙) **活动**

在Scratch中开始编写程序接口，如下所示。选择一个角色和一个背景，先不要编写程序，你将在下一个活动中编写程序。

创建变量

变量存储值。Scratch提供了两个现成的变量：

- answer：这个变量将存储用户的输入。
- my variable：这是一个通用变量，它可以存储任何值。

你可以给变量起一个比my variable更好的名字，使用名称来提醒你每个变量将存储什么值。

回顾一下上一页中的算法。算法中提到了三个变量：

- number 1
- number 2
- result

在Scratch程序中创建这些变量。

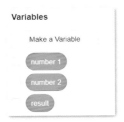

你不会在你的程序中使用my variable。如果愿意，可以右击该变量并删除它。

启动事件

Scratch程序的第一个积木块必须是Event（事件）积木块。下面积木块的事件将启动程序。下面有一些"事件"积木块。

当用户单击角色时，你的程序就会启动，找到显示when this sprite clicked（当角色被单击）的"事件"积木块，将该积木块拖到屏幕中央的脚本区域。现在你已经为程序设置了启动事件。

制作程序

现在向Event积木块添加更多的积木块。现在需要一些Scratch编程技能。你需要知道如何：

- 使用ask积木块获取用户输入；
- 设置一个变量的值；
- 使用Operator积木块；
- 使用say积木块显示输出。

所有这些技能在本系列的前几册书中都有介绍。

这是完成的程序。

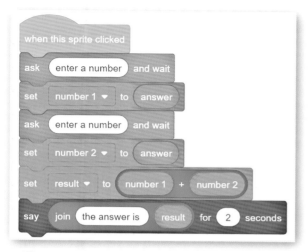

创造力

Scratch界面提供了许多现成的背景和角色。

你也可以上传图片文件到界面，以用作背景或角色。

这里有一些想法可以用于创建定制的、个性化的Scratch程序。

- 组装现成的Scratch背景和角色来创建初始的程序设计。

- 在网上搜索合适的图片作为背景或角色。

- 制作自己的图像，例如，使用图形软件。

测验

1. 四个算术运算符是什么？

2. 什么是界面？

3. 算法列出一个程序的输入和输出。它还提出了什么？

4. 当你制作一个Scratch程序时，"事件"积木块的目的是什么？

编程语言

当你编写计算机程序时，你要使用程序语言。在上节课中，你使用了Scratch编程语言。Scratch是一种基于积木块的编程语言。每个积木块代表一个命令。为了编写程序，你需要将积木块组合在一起。

下面是一个非常简单的Scratch程序。它包括输入和输出命令。

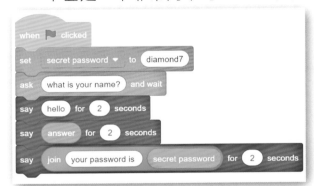

这个程序是做什么的？如果你不确定，请编写程序并运行它来检查。

Python

Python是一种基于文本的编程语言。Python中的命令是文本。要让Python执行一个命令，你必须键入该命令。在本课中，你将输入与上面显示的Scratch程序功能相同的Python命令。

```
Python 3.7.1 Shell
File  Edit  Shell  Debug  Options  Window  Help
Python 3.7.1 (v3.7.1:260ec2c36a, Oct 20 201
8, 14:57:15) [MSC v.1915 64 bit (AMD64)] on
win32
Type "help", "copyright", "credits" or "lic
ense()" for more information.
>>> |
```

Python Shell

当你启动Python时，将打开一个窗口。这个窗口就是Python Shell。你可以在Python Shell中一次输入一个Python命令。输入命令后，按Enter键，Python将执行该命令。

使用变量

看看Scratch程序中的第一个命令。它将变量secret password设置为值diamond7。

现在你将在Python中做同样的事情。

Python中命名变量

就像在Scratch中所做的那样，要选择有意义的变量名。变量名会提醒你变量中存储了什么值。Python中有关于变量命名的规则。变量名必须：

* 只能是一个单词，其中没有空格；

* 只能使用字母、数字和下画线字符；

* 以字母开头。

在Scratch中，变量被称为secret password。在Python中，我们必须使用一个单词，例如password。

设置变量的值

在Python中，创建一个变量并通过一个命令设置其值。创建变量并设置其值的命令有这样的结构：

variable = value

输入变量名，然后是等号，然后是值。例如：

password = " diamond7 "

这将创建一个名为password的变量，并为其赋值为" diamond7 "。

获取输入

Scratch程序的下一部分要求用户输入他们的名字。在Scratch中，使用浅蓝色的ask积木块获取用户输入。用户输入被存储为一个叫作answer的现成变量：

要在Python中获取用户输入，可以使用命令输入。下面的Python命令将获取用户输入，并将其存储为名为name的变量：

name = input(" what is your name? ")

括号内的文本称为提示符。提示符告诉用户输入什么。你能看到提示符在问号后面包含一个空格吗？这意味着文本和用户输入之间会有空格。在Scratch中也可以使用这样的空格。

显示输出

Scratch程序的最后一部分显示了程序输出。要在Scratch中产生输出，你需要使用say积木块。无论你在say积木块中输入什么，都会以话泡泡的形式输出。

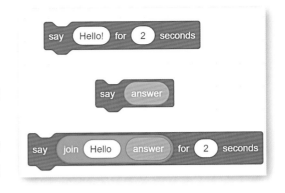

要在Python中产生输出，可以使用print命令。在这个命令之后插入括号。在括号中输入的任何内容都会被输出。例如，你可能想输出：

- 一个数字或计算；

- 一个字符串（这意味着在引号中的一些文本）；

- 一个变量的名称。

下面是一些命令。在Python Shell中逐一输入它们，并查看每个命令的结果。

```
password = "diamond7"

name = input("what is your name? ")

print("hello")

print(name)

print("your password is", password)
```

```
>>> password = "diamond7"
>>> name = input("what is your name? ")
what is your name? Mia
>>> print("hello")
hello
>>> print(name)
Mia
>>> print("your password is", password)
your password is diamond7
>>>
```

右边的图片显示了输出。Python Shell依次执行每个命令。

程序错误

使用Python的程序员必须使用正确的文本输入每个命令，然后计算机就能识别命令了。如果你在输入命令时犯了错误，计算机将无法识别该命令。你将看到一条**错误消息**。

你可能犯的错误

下面是输入Python命令时可能会出现的一些错误示例。你可能会：

- 拼写错误；

- 单词的顺序错误；

- 使用大写字母而不是小写字母；

- 省略括号或其他符号。

错误消息

当你输入一个命令时，很容易出错。例如，在这个命令中，程序员输入了Print而不是print。

```
>>> Print("Hello")
Traceback (most recent call last):
  File "<pyshell#7>", line 1, in <module>
    Print("Hello")
NameError: name 'Print' is not defined
```

如果你犯了错误，Python Shell将显示错误消息。错误消息告诉你有一个错误。错误信息帮助你找到错误。然后，你可以再次输入该命令，但没有错误。

记住：犯错是没关系的。即使是最好的程序员也会犯错。确保你阅读了错误消息并修复了错误。然后你的程序就会一直按照你想要的方式工作。

活动

使用Python Shell一个接一个地输入本课中显示的所有命令。

额外挑战

下面是另一个Scratch程序。在Python Shell中输入与此程序匹配的命令。

测验

1. 编写Python命令创建一个名为city的变量，其值为Paris。

2. 执行Python命令，输出age变量。

3. 编写Python命令，询问用户"How old are you？"，获取用户输入信息，并将用户输入信息存储为变量age。

4. 解释错误信息是如何帮助你成为一个好程序员的。

3.3 编写Python程序

本课中

你将学习:

► 如何将命令保存到程序文件中;

► 如何运行你已经创建的程序。

中文界面图

将Python命令保存为程序

在上一节课中,你在Python Shell中输入了Python命令。Python Shell会立即执行这些命令。

但是Python Shell并不保存命令。如果你想再次使用相同的命令,你必须再次输入它们。这对你来说工作量更大,而且更有可能犯打字错误。

大多数程序员保存他们的命令。将命令保存在文件中生成一个Python程序。然后,你可以随心所欲地重用这些命令,而不需要额外的工作。

在这节课中,你将学习如何保存命令。

创建一个文件

在Python Shell中,打开File(文件)菜单,选择New File(新建)。

一个新窗口将在屏幕上打开。现在有两个打开的窗口。一个是Python Shell,另一个是文件窗口。文件窗口为空。

File	Edit	Shell	Debug	Options
New File			Ctrl+N	
Open...			Ctrl+O	
Open Module...			Alt+M	
Recent Files			▶	

输入命令

现在一个接一个地输入上一课介绍的所有命令。每个命令在单独的一行上。

计算机还不能执行这些命令。

```
password = "diamond7"
name = input("what is your name? ")
print("hello")
print(name)
print("your password is", password)
```

Python程序中的颜色

你将注意到,你输入的命令在屏幕上以不同的颜色显示。

- 变量名用黑色表示。

- 逗号、括号等符号用黑色表示。

- 输入和打印功能用紫色表示。

- 文本字符串为绿色。

你以后会学到其他的颜色。

找到错误

注意你输入的命令的颜色，这将帮助你找到命令中的错误。例如，一个学生想要输入命令，在屏幕上输出单词hello。以下是他输入的内容：

Print(hello)

这个命令中有两个错误。

- Print应该小写（没有大写字母）：print。
- hello应该在引号内："hello"。

在你的程序中找到这个命令。更改它，故意让命令包含这些错误。仔细看看这个命令中的颜色。

Print(hello) ← 命令上的颜色已经消失了，整行都是黑色的。

文本的颜色表明这些词打错了。print的字体应该是紫色的。hello这个词应该是绿色的。现在你已经找到了错误，你可以通过正确键入这个单词来修正它。

print("hello") ← 当你改正错误后，文字颜色会变正确。

保存

现在你已经输入了所有的命令。你可以保存该文件，打开File菜单，选择Save（保存），为你的程序输入一个名称，例如practice program 1，但是你可以使用任何名称。

运行程序

现在你已经创建了一个Python程序，接下来你将运行该程序。当你运行一个程序时，计算机将执行存储在程序中的所有命令。

在File窗口顶部找到Run（运行）菜单，单击Run Module（运行模块）。

该程序的所有输出都显示在Python Shell窗口中，输入你对问题的回答，每个命令都被一个接一个地执行。

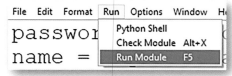

错误消息

在上一课中，了解到程序员有时会犯错误。一个简单的输入错误就可以使程序停止工作。文本颜色可以帮助你在运行程序之前找到错误。

但有时运行程序时，错误仍然存在，这是可以的。Python会发现错误，它将停止程序，并向你显示错误消息。Python的错误信息将帮助你找出错误是什么。

Python Shell窗口中的错误消息

一个学生用这样的语句运行了一个程序：

print(hello)

下面的错误信息出现在Python Shell窗口中：

```
Traceback (most recent call last):
  File "C:/Python/practice program 1.py", line 2
    print(hello)
NameError: name 'hello' is not defined
```

错误消息说NameError: name 'hello' is not defined。

这告诉你，计算机认为hello是某个东西的名称，例如一个变量。计算机不能识别hello是一个文本字符串，因为它没有引号。

文件窗口中的错误消息

另一个学生犯了一个不同的错误，他忘了在行尾加上第二个引号。

print(" hello)

此错误消息出现在程序文件窗口中。

此错误消息以不同的方式显示，它出现在屏幕上的一个小窗口中，错误消息说EOL while scanning string literal（在扫描字符串值时遇到EOL）。EOL代表End Of Line（行结束）。计算机说它在到达文本字符串的末尾之前到达了行尾，这告诉学生他必须输入引号来结束文本字符串。

注意错误消息，并修复你看到的错误。你将在本书第4单元中学习更多关于查找和删除程序错误的内容。

集成开发环境（IDE）

你用来编写和运行程序的软件叫作IDE（Integrated Development Environment），即**集成开发环境**。IDE允许用户输入和保存程序命令，显示错误消息，运行程序，允许用户输入信息，并显示输出。

- Scratch是一种基于彩色积木块的编程语言。Scratch的IDE是一个网页。有一个区域用来制作程序，还有一个舞台区域，你可以在那里看到程序显示。
- 你用来制作Python程序的IDE叫作IDLE。它是一个简单的基于文本的软件，允许你制作和保存程序，程序输出显示在Python Shell中。

⚙️ 活动

编写本课中显示的Python程序，保存并运行该程序，纠正任何错误。

↪️ 额外挑战

下面是一个Scratch程序，编写一个Python程序实现这个程序的功能，保存并运行该程序。

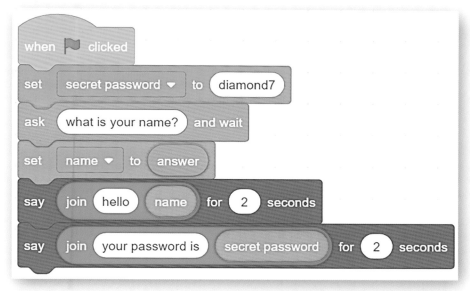

✅ 测验

1. 在Python Shell中生成程序文件而不是输入命令的优势是什么？

2. 命名Python程序文件窗口中使用的两种不同的颜色。命名具有各种颜色的程序内容的类型。

3. 解释在Python程序中找到错误的两种不同方法。

4. 描述用于Scratch的IDE和用于Python的IDE之间的一个区别。

3.4 两数相加

本课中

你将学习：

▶ 一些不同的数据类型；

▶ 如何更改数据类型；

▶ 如何在Python中进行计算。

中文界面图

使用Scratch

下面是一个简单的Scratch程序。这个程序有三个变量，分别是number1、number2和total。该程序有以下命令：

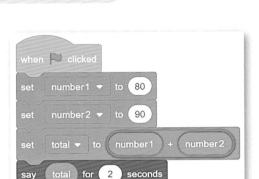

- 设置number1和number2的值。

- 设置total的值为number1+number2。

- 输出变量total。

在Python Shell中输入命令来执行与这个Scratch程序相同的任务。

使用Python Shell

你将使用变量来存储数值，在Python Shell中输入以下命令：

```
number1 = 80
```

这个命令创建变量number1，它还将值80赋给这个变量，给变量赋值与设置变量的值，其效果是相同的。

现在输入下面的命令，你能解释一下它是做什么的吗？

```
number2 = 90
```

接下来输入这个命令：

```
total = number1 + number2
```

该命令创建变量total，它给total赋值，值是number1加number2的和。你可以看到Python使用与Scratch相同的算术运算符，最后输出结果：

```
print(total)
```

按Enter键，在屏幕上看到正确的输出。

在Scratch中输入值

右图中是一个新的Scratch程序，这个程序要求用户输入两个值，程序将输入值存储为number 1和number 2，然后程序输出总数。

如果你有时间，用Scratch制作这个程序，运行程序并检查它是否产生了正确的结果。

Python中的输入值

莉娜想用Python完成同样的任务。她使用Python Shell来测试这些命令。莉娜知道先执行正确的Python命令。这个命令将用户输入赋值给名为number1的变量。

```
number1 = input(" enter a number ")
```

下面是带有莉娜输入的所有命令的Python Shell。如果你有时间，自己做这个活动。

```
>>> number1 = input("enter a number ")
enter a number 80
>>> number2 = input("enter a number ")
enter a number 90
>>> total = number1 + number2
>>> print(total)
8090
```

没有错误信息，但莉娜没有得到正确的结果。她进入了80和90。Python输出结果为8090。Python没有将这两个数字相加，而是将它们连接在一起。这是为什么呢？

要理解为什么会发生这种情况，你需要了解数据类型。

数据类型

在第1单元中，你学习了计算机是如何在内存中存储数据的。计算机用数字代码存储所有数据。例如，文本字符使用ASCII码存储。Python有不同的数据类型：

- ASCII字符存储为**字符串**数据类型。
- 整数存储为**整型**数据类型。
- 有小数点的数字存储为**浮点**数据类型。

字符串数据

字符串数据可以包括任何键盘字符。字符串中的字符显示在引号内，可以使用双引号或单引号。这里有一些字符串的例子。

" hello "

" I am 99 years old "

" 99 "

有些字符串是由数字组成的，它们看起来像数字，但它们不是数值。字符串数据不能用于计算，只有整型数据和浮点数据可以在计算中使用。

输入数据

在Python中，用户输入被存储为字符串，你能发现问题吗？

● 输入数据以字符串形式存储。

● 字符串不能用于计算。

现在你知道为什么莉娜的程序发生错误了。两个变量number1和number2是字符串值，它们不是数值，加号将字符串连接在一起，而不是将它们相加。

改变数据类型

转换为整数

一个名为int的Python函数将任何变量转换为整型数据类型。命令是这样的：

variable = int(variable)

莉娜使用了这个功能。她将number1和number2转换为整型数据类型：

number1 = int(number1)

number2 = int(number2)

```
>>> number1 = input("enter a number ")
enter a number 80
>>> number1 = int(number1)
>>> number2 = input("enter a number ")
enter a number 90
>>> number2 = int(number2)
>>> total = number1 + number2
>>> print(total)
170
```

右图显示了Python Shell中莉娜的所有命令，这一次她得到了正确的结果。你自己试试吧。

转换为其他数据类型

将变量转换为浮点数据类型的命令如下：

variable = float(variable)

转换为字符串数据类型的命令如下：

variable = str(variable)

但是不要在命令中输入variable这个词。输入要更改的变量的名称。

编写Python程序

到目前为止，莉娜已经使用Python Shell输入了所有的命令。她已经检查过它们是否有效。

接下来，她在文件窗口中键入所有命令，以生成一个Python程序文件。

```
number1 = input("enter a number ")
number1 = int(number1)
number2 = input("enter a number ")
number2 = int(number2)
total = number1 + number2
print(total)
```

她保存了文件，然后运行了文件。Python程序能工作了。

总结

将两个数字相加的Python程序需要以下命令：

- 获取用户的输入，并将其存储为一个名为number1的变量。
- 获取用户的输入，并将其存储为一个名为number2的变量。
- 将两个变量转换为整型数据类型。
- 创建一个变量total，其值为number1 + number2。
- 打印总数。如果使用浮点数据类型而不是整型数据类型，则可以添加带有小数点的数字。

⚙ 活动

编写一个Python程序，输入两个整数，将它们相加并输出总数。检查错误并修复它们，保存你的工作。

➡ 额外挑战

你已经了解了算术运算符不会对字符串数据进行计算。那么算术运算符对字符串变量做什么呢？在Python Shell中尝试这些命令。

```
print("a" + "b")
```
```
print("a" * 9)
```

关于算术运算符和字符串，你发现了什么？

- 写一个Python命令，在屏幕上画一条35个短横的线。
- 编写Python程序，要求用户输入一个值，输出用户输入的短横的数量。

✓ 测试

1. 编写Python命令，将9.99赋值给一个名为price的变量。

2. price变量的数据类型是什么？

3. 变量points存储用户已输入的数据。这个变量的数据类型是什么？

4. 编写一个命令，将points变量转换为任何数值数据类型（整型或浮点型）。

编程语言

在本单元中，你已经使用Scratch和Python编写了程序。Scratch和Python都是编程语言。程序员使用编程语言来编写工作程序。

还有很多其他的编程语言，例如：

- Java
- C++
- Visual Basic

哪种编程语言是最好的？每个程序员都有自己的最爱。不同的程序员会推荐不同的语言。使用哪种编程语言取决于你要完成的任务。在本节课中，你会看到如何为一个任务选择最好的编程语言。

比较编程语言

在选择使用最佳编程语言之前，你需要比较这些语言。想一想每种语言的优点和缺点。

⚙ 活动

你知道两种编程语言——Scratch和Python。下面是Scratch和Python的一些特性。

A. 程序占用了屏幕上大量的空间。

B. 可以在一个小空间中输入许多程序命令。

C. 程序可以通过组合可视化元素来编写。

D. 非常容易地用丰富多彩的图像制作生动的用户界面。

E. 程序有变量。

F. 程序有算术运算符。

G. 程序有输入和输出。

H. 程序元素是积木块。

I. 程序元素仅为文本。

J. 如果有错误，程序将不能工作，或者它们将做错误的事情。

K. 在进行计算之前，必须将用户输入转换为数值数据类型。

L. 在进行计算之前，不需要将用户输入转换为数值数据类型。

把框里的特征分成三组，复制并完成表格。

Scratch独有的特性	Python独有的特性	两种语言都有的特性

为什么选择Scratch

很容易理解为什么许多老师选择Scratch来和他们的学生一起学习编程。Scratch与其他编程语言相比具有一些重要的特性，例如：

- 变量；
- 操作符；
- 输入输出；
- 循环等结构。

Scratch还有一些特别的特点，非常适合学习者使用。例如：

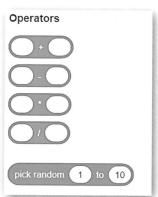

- 很容易通过将模块组装在一起来编写一个工作程序。
- 你不需要输入命令，所以你犯的错误更少。
- 你的程序有一个带有角色和背景的活泼的用户界面。
- 数据类型之间不需要转换。

这些特性使Scratch非常适合青少年学习，使用Scratch可以帮助学生发展他们的编程技能。

为什么选择Python

当学生对编程更有信心时，他们通常会转向基于文本的语言，如Python。Python不像Scratch那样有一个生动的基于积木块的界面。但是Python有一些重要的优点是Scratch没有的。例如：

- 文本命令比积木块命令占用更少的屏幕空间。
- Python有更多的操作符和其他处理特性。
- 用Python编写复杂的长程序比用Scratch容易。

由于这些原因，专业程序员更多地使用Python而不是Scratch来编写在现实生活中使用的程序。

使用Python编写的应用程序

专业程序员经常混合使用不同的语言来编写他们的程序。这些著名的应用程序部分使用了Python，部分使用了其他语言：

- YouTube；
- Dropbox；
- Google；
- Netflix。

这些著名的计算机游戏都是用Python制作的：

- Civilization；
- The Sims；
- Toontown Online。

Python是当今世界上使用的五大编程语言之一。

易于学习和使用

你必须付费才能使用某些编程语言，但是Scratch和Python是免费的。

- 你在一个免费网站上使用Scratch。
- 你可以下载Python到你的计算机。下载是指从网站复制到你自己的计算机上。

Scratch和Python都有友好的社区。他们为新程序员提供了很多帮助。

- 有在线教程。
- 有一些程序的例子可以参考。
- 有一些论坛，你可以在那里问问题，人们会给你建议。

这些优点使Scratch和Python对于新学习者来说都是很好的语言。

例子——除法

现在你将编写一个程序来满足下面的需求：

用户输入两个数字。程序输出第一个数除以第二个数的结果。

右图是使用Scratch创建的程序版本。

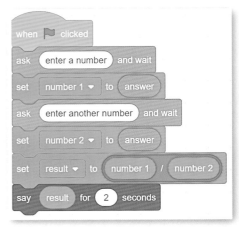

下面是上面显示的Scratch程序中使用的命令。

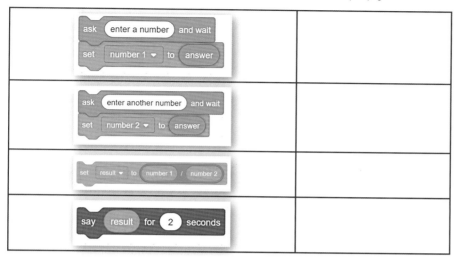

ask `enter a number` and wait set `number 1 ▾` to `answer`	
ask `enter another number` and wait set `number 2 ▾` to `answer`	
set `result ▾` to `number 1` / `number 2`	
say `result` for `2` seconds	

1. 把这个表复制到你的书上，在Scratch命令块旁边编写匹配的Python命令，有时你需要编写多个命令。

2. 编写完整的Python程序来匹配Scratch程序。

额外挑战

1. 编写一个Scratch程序：

- 要求用户输入两个数字；
- 将这两个数字存储为变量x和y；
- 输出结果：y的x%。

2. 编写一个Python程序来实现你已经编写的Scratch程序的功能。

未来的数字公民

如果你长大后想成为一名程序员，你需要学会用基于文本的语言（如Python）编写程序。当你对Python有信心时，请尝试学习另一种基于文本的语言。

探索更多

如果可以，请访问Python网站，按照说明下载Python到你家里的计算机。现在你可以在家里编写Python程序。

测验

1. 列举一种你学过的编程语言和一种你没有学过的编程语言。

2. 说出一个Scratch与Python共有的好处。

3. 举出一个Python没有的Scratch特性，解释这个特性如何帮助青少年学习者用Scratch编写程序。

4. 你可以购买使用用Python编写的应用程序，但你买不到很多用Scratch编写的应用程序。用你自己的话解释其原因。

本课中

你将学习：

▶ 计算机如何运行一个程序；
▶ 源代码如何变成机器码。

机器代码

在上一课中，你了解到有许多不同的编程语言可用，但是计算机使用什么语言呢？

计算机使用一种叫作**机器代码**的语言。机器代码是计算机唯一能理解的语言，完全由数字组成。每个计算机动作在机器代码中都有自己的代码。计算机读取代码，然后执行操作。

机器代码对于人类程序员来说很难读和写。它没有单词、名字或运算符——只有很多很多的数字。

可执行文件

计算机上的一些文件是由机器代码构成的。由机器代码组成的文件称为**可执行文件**。Execute表示执行命令。可执行文件是具有计算机可以执行的命令的文件。

计算机上的所有软件都是由可执行代码组成的。记住，用于特定任务的软件被称为应用软件——通常简称为app。当计算机运行一个应用程序时，它会执行可执行文件中的所有命令。

例如，欢欢在智能手机上有一个计算机游戏。当他运行这个应用程序时，他手机里的计算机处理器就会执行机器代码指令。欢欢就可以在他的智能手机屏幕上看到游戏。

源代码

程序员通常不使用机器代码编写程序，他们使用其他编程语言。Python和Scratch就是编程语言的例子。

程序员用编程语言编写的一组命令称为**源代码**。

但是有一个问题。计算机只能理解机器代码，命令必须从程序设计语言转换成机器代码，然后计算机就能理解这些命令了。把程序从编程语言转换成机器代码叫作**程序翻译**。

⚙ **活动**

下面是对源代码和机器代码的一些描述。

A. 它是由数字组成的。

B. 计算机可以执行这个代码。

C. 在被翻译出来后，计算机才能理解。

D. 这对于程序员来说很容易理解。

E. 计算机能理解这段代码。

F. 它是用编程语言编写的。

G. 计算机不需要翻译就可以运行这个文件。

H. 一个软件应用程序就是由这个代码组成的。

I. 当你编写一个程序时，会生成这种类型的文件。

J. Python程序就是这种类型的代码。

把上面方框里的特性分成两组，复制并完成表格。

源 代 码	机 器 代 码

编译

把程序转换成可执行文件的过程称为编译。为了编译一个程序，你需要一个叫作编译器的软件。

乐乐是个专业的程序员，他有一个开发游戏应用程序的想法。下面是他创建他的应用程序时遵循的步骤：

- 他为应用程序规划算法。

- 他用编程语言编写程序。

- 他用编译器把程序转换成可执行文件。

在这个过程的最后，乐乐有一个可执行文件。他可以出售可执行文件。可执行文件是由机器码组成的。任何买了这个文件的人都可以运行这个应用程序，然后他们就可以玩乐乐开发的游戏了。

解释

还有另一种将源代码转换为机器码的方法，这种方法叫作**解释**。

解释是这样的：

- 计算机从程序中读取一个命令。

- 计算机立即翻译并执行命令。

- 计算机转到下一个命令。

当一个程序被解释时，计算机不存储任何机器码。你只有源代码。每次运行程序时，计算机都必须将源代码再次转换为机器码。

Scratch

当你使用Scratch时，你是在Scratch网站上工作，你可以在浏览器中创建并运行这个程序。每个浏览器都内置了一个解释器，解释器理解一种叫作JavaScript的语言。Scratch程序可以使用JavaScript解释器在浏览器中运行。

Python

使用Python有不同的方式，你在本单元中使用的标准版本是解释的。Python解释器将Python命令转换为计算机能够理解的机器码，是安装Python时放到计算机上的软件的一部分。

自己看

这个Python程序输入两个数并将它们相乘，里面有个错误，你能发现吗？

```
number1 = input("enter a number")
number1 = int(number1)
number2 = inpt("enter a number")
number2 = int(number2)
result = number1 * number2
print(result)
```

下面是运行该程序时发生的情况：

- 第1行和第2行没有错误。计算机解释并运行这些命令。

- 第3行有一个错误，计算机停止。它不能解释这个命令。你将看到一条错误消息。

```
enter a number 70
Traceback (most recent call last):
  File "C:\Python\temp.py", line 3,
    number2 = inpt("enter a number")
NameError: name 'inpt' is not defined
```

活动

编写一个Python程序：

- 要求用户输入三个数字；

- 将三个数字相乘；

- 输出结果。

额外挑战

使用Scratch编写一个小测验程序。角色会向用户询问有关源代码和机器码的问题。程序会告诉用户他们的答案是对还是错。

如果你有时间，请在小测验程序中添加更多的问题。

测验

1. 程序员通常不使用机器代码编写程序。为什么呢？

2. 什么是可执行文件？

3. 为什么源代码需要翻译后计算机才能执行？

4. Scratch代码是如何被翻译成计算机能够理解的命令的？

3

计算思维：编程语言

测一测

你已经学习了：

▶ 如何用Scratch和Python编写程序；
▶ 如何将命令保存为程序文件；
▶ 关于编程语言之间的差异；
▶ 当计算机运行程序时发生的事情。

中文界面图

尝试测试和活动，它们会帮助你了解你到底理解了多少。

测试

路易斯坐着轮椅在他的城市里四处旅行。城市的一些道路有台阶，他不能坐着轮椅使用这些道路。当路易斯还是个学生的时候，他开发了一个应用程序，可以找到城市里可以使用轮椅的全部路线。他与其他使用轮椅的人分享了这个应用程序。使用婴儿车和童车的人也发现这款应用很有用。

大学毕业后，路易斯成为了一名职业程序员。

人们可以下载路易斯的应用，然后运行这个应用。

❶ 解释"下载"是什么意思。

❷ 解释"运行"是什么意思。

路易斯用源代码编写了他的应用程序。源代码被翻译成机器码。

❸ 为什么要把源代码翻译成机器码？

❹ 为什么路易斯不用机器码写应用程序？确定一种将源代码转换为机器码的方法。

❺ 假设你想为你所在城市的轮椅用户制作一个类似的应用程序。

❻ 你会使用Python还是Scratch来编写应用程序？给出你选择的理由。

活动

欢欢编写了一个程序来创建新密码。程序会询问用户的姓名和他们最喜欢的颜色。该程序通过连接两个用户输入生成密码。

首先，欢欢用Scratch编写了程序。

然后，欢欢用Python编写程序。

1. 编写如右下图所示的Scratch程序。

2. 制作一个Python程序，询问用户的名字和他们最喜欢的颜色。

3. 扩展Python程序，名称+颜色组合生成密码，打印密码。

4. 修改Python程序，使密码为用户最喜欢的颜色×2。例如，如果用户最喜欢的颜色是gold（金色），他们的密码将是goldgold。

自我评估

- 我回答了测试题1和测试题2。

- 完成活动1，我用Scratch做了一个程序。

- 我启动了Python程序。

- 我回答了测试题1～测试题4。

- 完成了活动1和活动2，我编写了一个Scratch程序和一个能工作的Python程序。

- 我回答了所有的测试题。

- 完成活动1～活动4，我完成了所有的程序。

重读单元中你觉得不确定的部分，再试一次测试题和活动，这次你能做得更多吗？

编程：全部求和

你将学到

- ▶ 如何在Python中使用条件（if）结构；
- ▶ 如何编写带有循环的Python程序；
- ▶ 如何发现和修复程序中的错误；
- ▶ 如何使你的程序用户友好和可读。

在本单元中，你将编写一个程序，计算出访问喂鸟器的鸟的数量。这个程序对科学家和自然记者很有用。当你通过本单元的课程，你将编写这个程序，使用诸如循环之类的编程结构。你将学习查阅错误消息，并通过删除错误改进你的程序。

⚡ 不插电活动

4人一组进行分组活动。在这个活动中，你将演示一个计算机程序，把数字写在纸条上，然后把纸条放在盒子或其他容器里。你可以写你喜欢的任何数字，确保至少有一个数字是0。你还需要一张白纸和一支笔。

团队角色：团队中的每个人都将扮演项目的部分角色，有4个角色：

- 程序
- 总数
- 输入
- 逻辑判断

担任程序角色的人一次一个地读出下一页上的指令。当程序角色读取每条指令时，会指向被命名的人，然后这个人执行指令。如果担任逻辑判断角色的人喊停下，程序停止。

学习成果：用基于文本的语言编写程序；删除一系列错误，以改进程序。

操作说明：

1. 总数：记录值0。

2. 输入：从箱子中取出一个数字并读出。

3. 逻辑判断：如果你听到数字0喊停。

4. 总数：将输入的数字加到总数中。

5. 程序：回到第2行并从那里继续。

当程序停止时，检查总数的值，这是程序的最终输出。

停止

逻辑判断

程序

12

输入

总数

你知道吗？

在这个单元里你开发的软件可以计算出来访鸟的数量。但你可能还想知道访客是什么类型的鸟。你可以在手机上下载应用，以帮助你识别鸟类。应用程序会问你一些关于鸟的问题（大小、颜色等）。你输入答案，应用程序会输出鸟类的图片。其他应用程序，如ChirpOMatic，接收声音输入。你输入一个鸟鸣的录音，应用程序会输出鸟类的名称。

Chirp -o- Matic

谈一谈

在本单元中，你要编写一个程序，记录来访鸟的数量。帮助科学家研究自然是计算机帮助保护环境的一种方式。总的来说，你认为计算机对自然有积极的还是消极的影响？尽可能多地举例说明。

条件结构　逻辑判断
缩进　for循环
while循环　语法错误
逻辑错误　用户友好
界面　可读

4.1 条件结构和选择

本课中

你将学习：

▶ 如何在Python和Scratch中创建一个if结构；

▶ 如何使用关系运算符进行逻辑判断。

中文界面图

条件结构

在第3单元中，你创建了一个Scratch程序，将两个数字相加。程序总是做同样的事情。现在你要调整程序，使其能够进行加减运算。用户的选择将改变它的功能。

要改变程序的功能，可以使用**条件结构**。这种类型的结构也被称为if结构。该结构以if开头，然后进行**逻辑判断**。if结构中的命令只在判断为True（真）时执行。

逻辑判断

逻辑判断的结果可以是True（真）或False（假）。逻辑判断通常比较两个值，它使用关系运算符比较两个值。

关系运算符

在Scratch中，关系运算符是下图所示的三个绿色积木块。

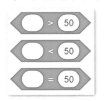

下表显示了Scratch中三个关系运算符的含义。

运 算 符	含 义
>	大于
<	小于
=	等于

螺旋回顾

在前几册书中，你在Scratch中使用if…else积木块来编写程序。if…else积木块中的动作由逻辑判断控制。在本节课中，你将使用if…else结构在Scratch和Python中编写程序。回顾前几册书，刷新你对Scratch的理解。

比较值

要进行逻辑判断，你需要比较两个值。比较结果可以是True或False。下面是一个例子：

4>8

表示"4大于8"。比较结果是错误的，因此逻辑判断的值为False。

下面是另一个例子。

3+4=7

表示"3 + 4 = 7"，比较结果是真实的，因此逻辑判断的值为True。

活动

下面是一些逻辑判断的例子，有一个值缺失。将逻辑判断复制到你的书中，并填充一个缺失的值，使每个判断为True。

a. (7*6)<[   ]   c. 400/50>[   ]   e. 12.34=[   ]

b. 23+3=[   ]   d. 99.999<[   ]

完成Scratch程序

右图是一个包含条件结构的Scratch程序示例。

用户必须选择是否将两个数字相加。如果用户输入Y，程序将把这两个数字相加。这个程序包含条件语句if积木块。

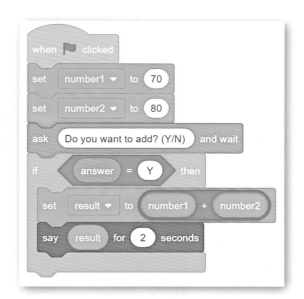

这个积木块以逻辑判断开始：

"answer = Y"

如果用户输入字母Y，判断为True，计算机在if块中执行命令。如果用户没有输入字母Y，则判断为False，计算机不执行任何命令。

活动

完成右上图所示的Scratch程序。运行该程序，查看当你输入Y和输入其他内容时发生了什么。

编写Python程序

现在你要用Python创建相同的程序，可以在Python程序中使用if…else结构。但Python不使用积木块，而是以文本的形式输入命令。

设置变量

Scratch程序有三个变量：number1、number2和answer。number1和number2的值在程序中设置的。用户输入answer的值。你已经知道如何在Python中执行以下命令：

```
number1 = 70

number2 = 80

answer = input("do you want to add?  (Y/N)")
```

使用逻辑判断

Python比Scratch有更多的关系运算符。下面是可能使用的主要关系运算符。对于这个程序，你会使用等于操作符。逻辑判断将用户答案与文本字符串Y进行比较。如果匹配，判断为True。

运 算 符	意 义
==	等于
!=	不等于
>	大于
<	小于
>=	大于或等于
<=	小于或等于

```
if answer == "Y":
```
← 在逻辑判断的末尾加一个冒号（:）。

在条件结构内部

现在必须将命令放入条件结构中。如果判断为True，计算机将执行这些命令。

```
if answer == "Y":
```

冒号后面的所有命令都将**缩进**。这意味着它们将放在文件窗口的左侧缩进的位置。

```
if answer == "Y":

    result = number1 + number2

    print(result)
```

只有当判断为True时，计算机才会执行缩进的命令。

```
number1 = 70
number2 = 80
answer = input("do you want to add? (Y/N)
if answer == "Y":
    result = number1 + number2
    print(result)
```

右边的图片显示了Python窗口中的代码。Python IDE使用一系列颜色表示不同类的单词和符号。if是Python的**关键字**。关键字用于在Python中构建程序结构。

在Python IDE中，关键字以金色（暗黄色）字体显示。

活动

通过将上面显示的所有命令组合在一起来创建一个Python程序。

Scratch中的if…else

在Scratch中，if…else积木块中有两个空位。

- 如果判断结果为True，则执行上部空位处的命令。
- 当判断结果为False时，执行下部空位中的命令。

右边的图片显示了一个Scratch程序的例子，它使用了if…else结构。

如果判断为True，则将这两个数相加。如果判断为False，则从number1中减去number2。

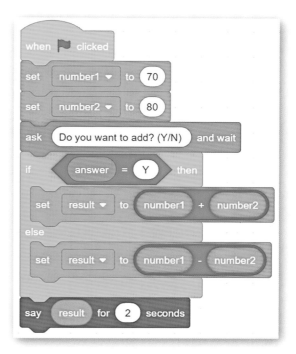

Python中的if…else

要在Python中实现同样的功能，输入单词else，并在其后加一个冒号。

```
if answer == " Y " :
    result = number1 + number2
else:
    result = number1 - number2
print(result)
```

注意哪些命令是缩进的，这些是条件结构中的命令。

活动

创建一个使用if…else积木块的Scratch程序。

创建一个使用if…else的Python程序。

额外挑战

在本节课的示例中，变量number1和number2的值是由程序设置的。

- 制作一个Scratch程序，用户在其中输入两个数值。
- 制作一个Python程序，做同样事情。

测验

1. 下面是一些使用Python关系运算符的逻辑判断。哪些是True，哪些是False？

    a. 4 == 5 - 1

    b. 55 >= 11 * 5

    c. 22 ! = 23 - 1

2. 下面是一个Python程序。

```
choice = input("enter X to exit the program")
if choice == "X":
    print("remember to log off")
else:
    print("you can make another menu choice")
```

a. 用户输入字母X，程序的输出是什么？

b. 这个程序还能有什么其他输出？你什么时候能看到这个输出？

本课中

你将学习：

▶ 如何增加一个变量的值；

▶ 如何在Python和Scratch中使用计次循环。

中文界面图

螺旋回顾

在前几册书中，你用Scratch编写了使用循环的程序。循环中的操作是重复的。在本节课中，你会了解如何在Python程序中使用循环结构。

循环

大多数编程语言都允许将程序命令放入循环中。循环中的命令会执行多次。在Scratch中有一个永久循环。永久循环中的命令将重复执行，直到程序停止。

大多数编程语言不使用永久循环。在大多数编程语言中，每个循环都有一个**退出条件**。退出条件是终止循环的方式。有两种类型的循环，它们有不同的退出条件。

● **计次循环**（或**固定循环**）重复一定次数然后停止。

● **条件循环**（或**条件控制循环**）由逻辑判断控制。

在本节课中，你会使用计次循环编写程序。

Scratch程序与计次循环

Scratch程序1是一个简单的计算器。它要求用户输入两个数字。程序输出将它们相加的结果。

1

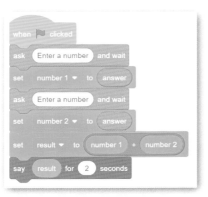

2

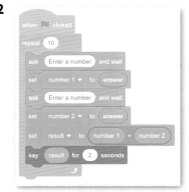

Scratch程序2也是同样的程序。但是在这个版本中，所有的命令都在计次循环中。循环顶部的数字告诉你会重复执行命令的次数。

当你运行这个程序时，计算将重复10次。如果你改变这个次数，就改变了重复的次数。

Python程序与计次循环

在Python中，计次循环称为for循环。要创建一个重复10次的循环，命令为：

`for i in range (10):`

要创建一个重复20次的循环，命令为：

`for i in range (20):`

小写字母i是计数器。你可以不用字母i，你可以用任何名字。但程序员通常会使用字母i。括号中的数字设置了循环重复的次数。

Python程序1将两个数字相加。

1
```
number1 = input("enter a number")
number1 = int(number1)

number2 = input("enter a number")
number2 = int(number2)

result = number1 + number2

print(result)
```

2
```
for i in range (10):
    number1 = input("enter a number")
    number1 = int(number1)

    number2 = input("enter a number")
    number2 = int(number2)

    result = number1 + number2
    print(result)
```

Python程序2是带有计次循环的相同程序。

循环中的命令是缩进的，缩进的命令会重复执行。

⚙️ 活动

编写上面显示的Scratch程序和Python程序。在每个程序中，使用计次循环来重复命令。

增加变量的值

在你刚刚编写的程序中，用户用循环中的每一次重复输入两个数字。每次循环中，程序输出这两个数字相加的结果。

但是，在编程中常见的是，每次命令重复时，都希望添加到之前的总数中。为此，你需要创建一个名为total的新变量。

Scratch程序A将total设置为0，然后将total的值增加1。

Scratch程序B将total设置为0，然后通过添加用户输入的数字来增加total的值。

A

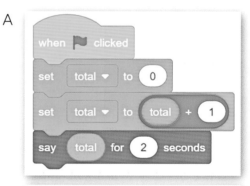

B

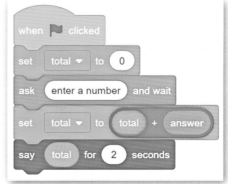

设计累加总数

你可以使用total = total + number命令来创建一个将10个数字相加的程序。

以下是该程序的设计：

在程序开始时将总数设置为0。

循环10次：

　　　输入一个值。

　　　将输入值加到总数中。

在程序结束时输出总数。

在Scratch中累加总数

请看表格中的程序设计，对于程序的每一行，应该知道匹配的Scratch命令。

操 作 设 计	使用的Scratch积木块
设置total为0	
循环10次	
输入一个值	
将输入值加到total	
输出total	

活动

你可以完成其中一个或两个活动。

1. 复制并完成上面的表格。请注意用于匹配每个操作的Scratch积木块。

2. 编写一个Scratch程序来实现所规划的功能。

在Python中增加变量

你已经使用Scratch命令使一个变量的值增加，可以在Python中完成同样的事情。下面的Python程序将total设置为0，然后将total的值增加1。

```
total = 0
total = total + 1
print(total)
```

下面的Python程序将total设置为0，然后通过添加用户输入的数来增加total的值。

```
total = 0
number = input("enter a number ")
number = int(number)
total = total + number
print(total)
```

记住，在Python中，你需要在进行计算之前将用户输入转换为数值。这就是下面命令的目的。

```
number = int(number)
```

用Python程序来累加总数

在Scratch中，你在循环中放入求和命令，可以使用Python来完成与Scratch中相同的程序。你已经知道完成设计中每一行所描述操作的Python命令。

操 作 设 计	使用的Scratch积木块
设置total为0	total = 0
循环10次	for i in range (10):
输入一个值	number = input("enter a number")
	number = int(number)
将输入值加到total	total = total + number
输出total	print(total)

如果你将这些命令组合在一起，就可以编写一个工作程序。记住Python循环中的命令要缩进。

(活动)

编写一个Python程序来实现上面所示的设计。该程序将使用计次循环，它将10个数字相加求和。

在上一课中，你了解了if是Python的关键字。Python程序中关键字的颜色是金色的。你在这个程序中还使用了哪些关键词？

(额外挑战)

右图中的Scratch程序将变量total设置为100，然后它使用计次循环从total中减去10个值。

编写一个能完成同样工作的Python程序。

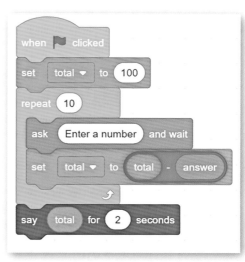

(测验)

1. exit condition（退出条件）是什么意思？

2. 简述两种类型的循环。

3. 编写重复100次的Python循环的第一行代码。

4. 一个Python程序包含一个叫作points的变量。编写命令，在points变量上增加10。

本课中

你将学习：

中文界面图

► 如何在Scratch和Python中使用条件循环。

什么是条件循环

在上节课中，你学习了如何使用计次循环。计次循环也称为固定循环，因为固定循环中的命令重复固定的次数。在循环的顶部设置重复次数。

条件循环则不同。它由逻辑判断控制。每次循环重复时，计算机再次进行逻辑判断。逻辑判断的结果告诉计算机是重复循环还是停止循环。

Scratch中的条件循环

右图中的Scratch积木块创建了一个条件循环，这个循环从repeat until开始，然后是一个菱形空。逻辑判断块会放在这个菱形空中。逻辑判断会控制循环。

循环会一直重复，直到判断为True为止。下面是一个例子。在循环中插入的任何命令都会重复执行，直到用户输入0为止。

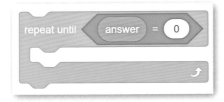

用条件循环求和

右边是一个已完成的Scratch程序。它将用户输入的每个新数字添加到总数中。循环会重复，直到用户输入值为0为止。这个程序的逻辑判断是：

"answer = 0"

每次循环重复时，计算机会检验逻辑判断。循环将重复，直到条件为True为止：

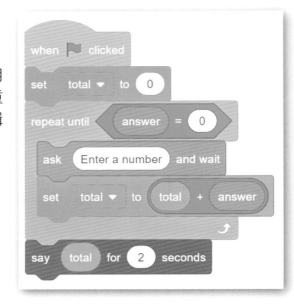

- 如果条件为False，循环将继续。

- 如果条件为True，循环将停止。

何时使用条件循环

当你想在程序中重复命令时，使用循环。

- 如果你确切地知道需要重复命令多少次，则使用计次循环。

- 如果你不知道需要重复命令多少次，可以使用条件循环。

编写一个Scratch程序，将用户输入的每个数加到总数中。使用条件循环，你可以为条件循环选择自己的逻辑判断，保存并运行该程序，纠正任何错误。

Python中的条件循环

在Python中，条件循环称为**while循环**。while循环的第一行包含以下元素：

- 关键字while；

- 逻辑判断；

- 冒号。

每次循环重复时，计算机将检查逻辑判断。当条件为True时，循环将重复执行：

- 如果条件为True，循环将继续。

- 如果条件为False，循环将停止。

这是不同于Scratch的另一种循环方式。

什么是逻辑判断

你必须仔细选择逻辑判断。

在Scratch中，当测试为True时，循环停止。示例程序使用了这个测试：

'answer = 0'

在Python中，当测试为False时，循环停止。你将使用以下测试：

answer!=0

记住：!=表示"不相等"。

- 如果answer不等于0，测试为True，这个循环将继续下去。

- 如果answer等于0，测试为False，循环将停止。

开始条件循环的完整Python命令是：

```
while answer != 0:
```

萨利的程序出了问题

萨利编写了一个Python程序来计算总数。他使用了条件循环。下面是萨利的程序：

```
total = 0
while number != 0:
    number = input("enter a number ")
    number = int(number)
    total = total + number
print(total)
```

萨利的程序没能正常运行。萨利看到了这个错误信息：

```
File "C:\temp.py", line 2
    while number != 0:
NameError: name 'number' is not defined
```

是什么引起了这个问题？错误信息告诉萨利错误在第2行：

while number != 0:

错误信息显示：name 'number' is not defined。

计算机不知道number是什么意思，这个变量还没有被赋值。在Python中，计算机不能使用没赋值的变量，这意味着计算机不能进行逻辑判断。

萨利的程序还是不对！

萨利决定改变这个程序，他找到了给变量number赋值的命令和把变量变成整数的命令。

number = input(" enter a number ")

number = int(number)

他把这些命令移到了循环之前。下面是新的程序：

```
total = 0
number = input("enter a number ")
number = int(number)
while number != 0:
    total = total + number
print(total)
```

当萨利运行这个程序时，程序启动了，并要求他输入一个数字。他输入了一个值。但后来这个程序停止了工作。屏幕上什么也没有显示。最终，萨利试图关闭Python Shell。他看到了右图所示的信息。

消息说程序还在运行！萨利单击OK按钮，"终止"了程序（Kill的意思是停止程序运行）。但是哪里出了问题呢？

在这个程序中，循环内部没有输入，用户不能输入新的数值，所以没有办法停止循环，这个循环一直持续下去（直到萨利关闭程序）。

萨利做对了

最后，萨利再次改变了程序。他把输入命令放在循环之前和循环内部。这一次，程序完成了预定的功能。这是萨利的新程序：

```
total = 0
number = input("enter a number ")
number = int(number)
while number != 0:
    total = total + number
    number = input("enter a number ")
    number = int(number)
print(total)
```

萨利学到了什么

要创建一个有条件循环的Python程序，必须做三件事：

1. 用逻辑判断启动循环。

2. 在循环开始之前给测试变量赋一个初始值。

3. 给用户一个在循环中改变测试变量的机会。

因为萨利做到了这三件事，所以他的程序运行良好。

活动

制作本课所示的Python程序，保存并运行该程序，纠正任何错误。

额外挑战

- 编写一个Python程序，将用户输入的每个数字加到总数中，直到用户输入的值小于0。

- 编写一个Python程序，将变量total设置为100，然后从total中减去输入的数，直到用户输入的值大于99。

测验

1. 用你自己的话，解释什么时候在程序中使用条件循环。

2. 下面是来自Python程序的一行代码，变量username为什么值时循环停止？

```
while username != " x " :
```

3. 下面是一个Python程序，它有一个错误，解释错误是什么。

```
print(" Start program " )
while username != " x " :
    username = input(" enter your name " )
    print(" hello " , username)
```

4. 编写没有错误的程序。

本课中

你将学习：

▶ 如何应用Python技能来解决问题；

▶ 如何发现语法错误并修复它们。

计算

沙基尔先生是一名科学教师。他的学生正在做一个关于鸟类数量的生物项目。他们必须统计有多少只鸟去了学校的喂鸟器。沙基尔先生要求他的学生写一个Python程序来计算鸟类访客的数量。下面是程序需求：用户每次看到桌子上有一只鸟，就输入Y。当程序完成时，它将输出去过喂鸟器的鸟的总数。该程序命名为Bird Counter（鸟计数器）。

课堂讨论

同学们在课堂上讨论他们在Bird Counter程序中需要包含什么。下面是同学们从讨论中得出的一些想法：

● 我们需要一个变量来存储鸟类的数量。

● 是的，这个数字必须从0开始。

● 当然，我们必须有一个循环。

● 这个循环一定是条件循环，因为我们事先不知道会看到多少只鸟。

● 如果它是一个条件循环，我们必须考虑逻辑判断。我们如何终止这个循环？

沙基尔先生同意同学们的想法。他说："你们的想法将帮助我们完成这个程序。"

活动

在你阅读本课的更多材料之前，试着做一个Bird Counter程序。利用课堂讨论中的线索和你在4.1课、4.2课和4.3课中学到的命令帮助你编写程序。

程序问题

沙基尔先生课上的每个学生都尝试编写Bird Counter程序，但是同学们犯了一些错误。

所有的程序员在写程序时都会犯错误。优秀的程序员能够识别错误并修复它们，然后他们的程序能按照他们计划的方式运行。Python IDE有一些特性可以帮助你查找和修复错误：

- 编写程序时的颜色和布局；
- 运行程序时的错误消息。

在本节课中，你会学习如何识别和修复Python中的常见程序错误。

语法错误

每种编程语言都有自己的规则。语言的规则称为**语法**。如果你违反了编程语言的规则，你就会**犯语法错误**。

在第3单元中，你学习了运行程序时会发生什么：

1.翻译：计算机将命令转换成机器代码。

2.运行：计算机执行机器代码命令。

如果有语法错误，计算机就不能理解命令。

计算机不能把程序转换成机器代码，计算机将停止运行。

计算机将显示一个错误消息。

修复程序

沙基尔先生检查了他的学生完成的程序，给他的学生写了这张便条，列出了他发现的最常见的语法错误。

> **Most common syntax errors**
> **Using the wrong word**
> **Not using indent**
> **Leaving out the : sign**
> **Single = instead of double ==**

Python可以很容易地找到错误所在，它用红色块标记错误。

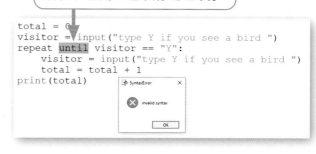

```
total = 0
visitor = input("type Y if you see a bird ")
repeat until visitor == "Y":
    visitor = input("type Y if you see a bird ")
    total = total + 1
print(total)
```

SyntaxError ×

invalid syntax

OK

用错字

阿达尔是沙基尔的学生之一，他把Scratch和Python弄混了。

在Scratch中，条件循环从repeat until开始。

在Python中，条件循环从while开始。

阿达尔在Python程序中输入了repeat until。上图所示是他看到的错误信息。

消息显示有一个语法错误，它突出显示了错误所在的行，这帮助阿达尔解决了问题。

不使用缩进

在Python中，循环中的命令是缩进的，Python会自动添加缩进。但斯特凡犯了个错误，他把缩进漏掉了。

这是他看到的错误消息，如右图所示。

错误消息说expected an indented block（此处需要缩进）。这帮助斯特凡了解了他的程序出了什么问题。

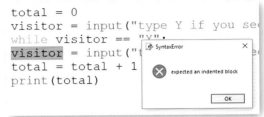

省略冒号：

许多Python命令以冒号（两个点）结尾。下面是一些例子。

if answer == 12 :

for i in range (15) :

while answer > 9 :

如果你省略冒号，程序就会出错。卡默尔犯了这个错误，这是他看到的错误信息。红色块显示错误的位置。卡默尔发现了问题所在并解决问题。

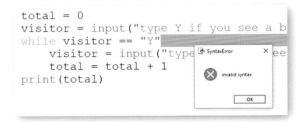

使用一个等号

在Python中，等号用于两种不同的用途：

- 要给变量赋值，请使用单等号=。
- 逻辑判断使用双等号==。

米兰决定设置一个变量叫作visitor。该程序的用户每次看到有鸟来到喂鸟器时都会输入Y。

下一个命令包括一个逻辑判断。它判断变量visitor是否持有值"Y"。

while visitor == "Y"

米兰在他的逻辑判断中忘记了使用双等号，而使用了单等号。这是他看到的错误信息。

米兰不确定是哪里出了问题，他在程序的其他部分使用了等号。为什么这个等号是错的，而其他的都是对的？沙基尔先生提醒米兰如何在Python中使用等号，然后米兰解决了这个问题。

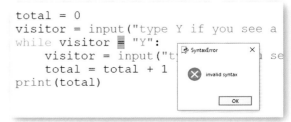

活动

1. 这里是一个完整的Bird Counter（鸟类计数器）程序的规划，复制并完成表格，为规划中的每一行填写正确的Python代码，注意语法错误。

规　　划	Python代码
将总数设置为0	
输入变量visitor	
当visitor的值为Y时进行循环	
在总数上加1	
再次输入变量visitor	
输出总数	

2. 如果你还没有这样做，可以用Python编写Bird Counter程序，该程序将统计到一个喂鸟器的鸟的数量。

3. 给Bird Counter程序的用户写一个注释，你可以用文字处理程序，也可以用手写。注释必须解释：

　　a. 该程序做了什么；

　　b. 如果你看到一个鸟来到喂鸟器，该输入什么；

　　c. 当你想停止记录来访的鸟，并想看结果时，该输入什么。

额外挑战

在活动3中，你给程序的用户写了一条注释。现在更改你的程序，以便程序将这些信息显示在屏幕上，添加打印命令来完成此操作。

为什么在程序中显示这些信息比放在单独的注释中更好呢？

创造力

制作一个文件来讲解语法错误。你可以制作海报、演示文稿或者视频。

测验

1. 语法错误使计算机不能翻译程序。"翻译程序"是什么意思？

2. 在Python程序中，找出一个必须包含冒号的地方。

3. 文本颜色可以帮助你查找Python程序中的错误，举例说明。

4. 用你自己的话，解释一下Python中单等号和双等号之间的区别。

本课中

你将学习：

▶ 如何发现程序中的逻辑错误；

▶ 如何检查程序是否按照预期运行。

逻辑错误

在上节课中，我们学习了语法错误。如果程序有语法错误，计算机就不能把程序翻译成机器代码，程序将无法运行，计算机将显示一条错误信息。

本节课你将学习**逻辑错误**。逻辑错误意味着程序逻辑是错误的。这个程序可以运行，但它做了错误的事情。它不满足需求。

逻辑错误很难发现，因为：

● 你可以运行这个程序；

● 计算机执行所有的命令；

● 没有看到错误消息。

新目标

在上节课，一些学生制作了一个Bird Counter程序来统计访问喂鸟器的鸟的数量。程序是这样工作的：

● 如果有鸟来到喂食器，打字母Y。

● 计数增加1。

沙基尔先生的学生与另一名北山学校的学生分享了"鸟类计数器"程序。这所学校在一个更冷的国家。在那个国家，特别是在冬天，许多鸟会去学校的喂鸟器。

北山学校的学生发现很难使用沙基尔先生的学生制作的Bird Counter程序。Bird Counter程序记录了一个又一个的访客鸟。但是在北山学校，鸟儿们成群结队地来到喂鸟处。北山学校的学生决定编一个新程序。

讨论并设计

北山学校的学生讨论了他们希望新程序如何工作。他们为程序编写了需求：学生们决定将他们的程序命名为Bird Addition程序。

> **Program requirement**
>
> ▶ *Each student will watch the bird feeder for one minute.*
>
> ▶ *They will count how many birds visit the feeder in one minute.*
>
> ▶ *They will enter that value as a number.*
>
> ▶ *When all the students have entered a value, the program will output the total.*

在你继续深入之前，尝试使鸟类加法程序满足新程序的需求。

输入数字

在老的Bird Counter程序中，如果用户看到一只鸟，就输入值Y。在新的Bird Addition程序中，用户输入一个数字。北山学校的学生对这个程序做了一些改变：

- 变量不再叫visitor，现在叫visits。visits变量将存储到达喂鸟器的鸟的数量。

- 用户提示信息不同，提示用户输入数字。

- 用户输入的数字必须更改为整数数据类型，以便在计算中使用。

右图是经过这些修改的程序，这个程序还不能运行，有几个问题。你看到问题了吗？如果你不确定，请在Python文件中输入此代码并运行程序。程序能运行吗？这个程序满足需求吗？

```
total = 0
visits = input("enter the number of visits")
visits = int(visits)
while visits == "Y":
    visits = input("enter number of visits")
    visits = int(visits)
    total = total + 1
print(total)
```

退出条件

这个程序有一个while循环。逻辑判断是：

visits == "Y"

这样不能运行。在新程序中，变量visits存储的是一个数字而不是一个字母，因此逻辑判断永远不会为真。循环中的命令永远不会运行。

同学们决定改变退出条件。如果访问次数不是0，循环将继续。如果用户输入数字0，循环将停止。新的判断是：

visits != 0

同学们运行了Bird Addition程序。程序启动并重复循环中的命令。但是当同学们用这个程序记录鸟对喂鸟器的访问时，他们发现了一个问题。有时没有鸟来到喂鸟器。用户必须输入数字0。但是当他们输入0时，程序停止了。

```
total = 0
visits = input("enter the number of visits")
visits = int(visits)
while visits != 0:
    visits = input("enter number of visits")
    visits = int(visits)
    total = total + 1
print(total)
```

当visits为0时，逻辑判断为假，因此循环停止。在下一个活动中，你会明白如何解决这个问题。

更改退出条件

需要改变逻辑判断：

- 逻辑判断必须是数字比较。

- 这个数字永远不会是真实的鸟的数量。

例如，学生可以选择一个负数。相反，他们选择了数字99。如果用户输入99，循环将停止。同学们知道永远不会有99只鸟在喂鸟器上。但是"鸟类加法"程序还没有准备好。你知道为什么吗？

```
total = 0
visits = input("enter the number of visits")
visits = int(visits)
while visits != 99:
    visits = input("enter number of visits")
    visits = int(visits)
    total = total + 1
print(total)
```

访问数相加

这个程序必须把鸟的总数加起来。目前，每当用户输入一个数字时，程序只会将总数增加1。

同学们改变了Bird Addition程序，使其将访问数加到总数中。

但是这个程序还是错了！你知道为什么吗？如果你不确定，请在Python文件中输入此代码，然后运行该程序。什么错了？

```
total = 0
visits = input("enter the number of visits")
visits = int(visits)
while visits != 99:
    visits = input("enter number of visits")
    visits = int(visits)
    total = total + visits
print(total)
```

修改命令顺序

这里有两个问题：

- 第一个输入值没有添加到总数中（在循环开始之前输入的值）。

- 最后的输入值（值99）被添加到总数中。

为了避免这些问题，同学们在循环中颠倒了命令的顺序：

首先将输入的数字加到总数中。

然后输入一个新数字。

当用户输入退出值（99）时，程序立即停止。这是做出改变的程序，如右下图所示。

这个程序能运行了！同学们已经发现并修正了所有的逻辑错误。

```
total = 0
visits = input("enter the number of visits")
visits = int(visits)
while visits != 99:
    total = total + visits
    visits = input("enter number of visits")
    visits = int(visits)
print(total)
```

⚙ 活动

如果你还没有这样做，那就做Bird Addition程序吧。它应该把访问喂鸟器的鸟的总数加起来。

➡ 额外挑战

一些学生选择编写不同的程序，例如，编写带有一个计次循环的程序。班上共有20个学生，因此他们用了一个计次循环，一直循环了20次。为此编写一个Python程序。

✔ 测验

1. 为什么程序员发现逻辑错误比发现语法错误更难呢？

2. 看看你编写的加法程序。如果在循环中包含语句total = 0会发生什么？

3. 编写一个Python程序，将用户输入的5个数字加起来。

⏻ 未来的数字公民

使程序停止正常工作的错误称为bug（漏洞）。软件公司在出售程序之前要测试程序的漏洞。如果一个程序是用来娱乐的——例如，一个游戏——那么代码中的一些错误就不那么重要了。

但是有些软件程序是非常重要的。例如，医院里测量病人心率的软件；工厂中控制危险化学反应的软件；银行里管理客户资金的软件。这些程序不能包含任何错误。

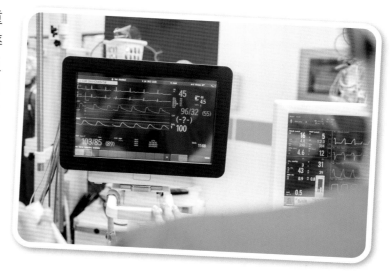

有一天，你可能会成为一个编写重要软件的程序员，或者你可能在医院、工厂或银行工作，使用重要的软件。你需要确保软件程序已经过彻底的测试，以确保软件是可靠的。

本课中

你将学习：

▶ 如何使你的程序对用户友好；

▶ 如何使你的程序可读。

中文界面图

制作用户友好的程序

　　用户喜欢用户**友好的程序**。用户友好意味着程序很容易使用。使程序易于使用的一些原则如下：

- 带有提示的简单输入；

- 清晰的输出；

- 解释程序的其他消息。

　　处理输入和输出的程序命令称为**界面**（interface）。用户通过界面输入数据，将看到在界面中显示的输出。

　　当你在Scratch中编程时，很容易创建一个用户友好的界面。右边是一个例子。

　　Scratch界面包括色彩丰富的背景和角色。但是Python只有纯文本，这个界面不太好用。在本节课中，你会学习如何使用更友好的界面编写Python程序。

程序的界面

　　你做了一个程序来统计到访喂鸟器的鸟。这是用户在使用程序时所看到的，如右图所示。

```
enter number of visits2
enter number of visits5
enter number of visits9
enter number of visits99
16
```

　　这个程序对用户不太友好。需要输入什么，输出的是什么，这些都不清晰。现在你要改进这个程序。

简单的输入和提示

你需要让用户轻松地输入正确的输入。以下是一些建议：

- 使输入简短且简单。例如，让用户输入Y而不是Yes。这为用户减少了工作量，出错的可能性更小。

- 添加提示信息。提示信息是括号内的文本。告诉用户他们应该输入什么。这意味着用户感觉压力更小。它将帮助用户避免犯错误。

- 如果在提示信息的末尾包含一个空格，界面看起来会更好。提示信息和用户输入的内容之间有一个空格。

下面是一个错误的输入命令：

continue = input("continue? ")

下面的版本显然更好：

continue = input("do you want to continue? (Y/N) ")

这样你就清楚该怎么做了吗？

清晰的输出

大多数程序都以输出结束。它可能是一个数字，例如看到的鸟的总数。要使你的程序具有用户友好性，应该在输出命令中添加一些说明性的文本。这有助于用户知道输出的是什么。

下面是一个不好的输出命令：

print(total)

下面的版本显然更好：

print("we saw this many birds" , total)

说明和变量之间用逗号隔开。

屏幕上的其他信息

使用**输出命令**将消息添加到程序中。例如，你可以添加标题并解释程序的功能。

同学们修改了他们的程序，使界面更加用户友好。

```
BIRD VISITORS
=================================================
Count the number of visits to the feeder. Time yourself.
At the end of each minute, enter the number.
When you type '99' the program will stop.

Visits in one minute: 2
Visits in one minute: 5
Visits in one minute: 9
Visits in one minute: 99
-------------------------------------------------
The total number of visits was:  16
```

其他有用的输出命令

下面是一些对这个活动有用的其他打印命令。

在输出命令中包含"\n"，以生成新行：

print("\n")

使用"乘法"运算符重复一个符号。下面的命令能打印10个短横线：

print("–" * 10)

🔧 **活动**

打开Bird Addition程序。添加额外的功能，使它的用户友好性能更优。

🔍 **额外挑战**

跟家人和朋友谈谈他们觉得最容易使用的应用和程序，是什么让一个程序"用户友好"？你可能会发现不同的人需要不同类型的软件。如果你有时间，就你的发现写一份报告。

编写可读的程序

程序员喜欢**可读的**程序，这意味着程序本身易于阅读和理解。通常，不止一个程序员在同一个程序上工作。编写可读的程序有利于团队合作。

使你的程序具有可读性将有助于你成为一个更好的程序员。当你回到你的工作中，你会发现很容易记住你做了什么，你会发现改进和更改程序是很容易的。创建可读的程序对每个人都有帮助。

使程序易于阅读的两件事：

- 精心挑选的变量名
- 注释

变量名

你已经学会了如何为变量命名。变量的名称应该告诉你变量存储的值。当其他程序员查看你的程序时，他们将理解你的工作。下面这段代码是不可读的，因为我们不知道变量x存储了什么：

x = input(" value ")

下面这段代码可读性更强，因为它很清楚地表明cost存储了什么：

cost = input(" 输入项目价格 ")

注释

注释是你添加到程序中的消息。在Python中，用井字符（#）标记注释。

在#符号之后输入的任何文本都不是程序的一部分。计算机会在你的代码中看到#符号，它会忽略这一行的其余部分，但其他程序员将能够阅读该注释。你可以使用注释来添加关于程序的解释和其他消息，这将使程序更具可读性。

一些学生决定让Bird Addition程序更具可读性。右图就是程序的样子。

```
# This program records total visits to a bird feeder
total = 0

# display the user interface
print("B I R D  V I S I T O R S")
print("=" * 60)
print("Count the number of visits to the feeder. Time yourself.")
print("At the end of each minute, enter the number.")
print("When you type '99' the program will stop.")
print("\n")

# input number of visits
visits = input("Visits in one minute: ")
visits = int(visits)

# repeat until '99' entered
while visits != 99:
    total = total + visits
    visits = input("Visits in one minute: ")
    visits = int(visits)

# output the result
print("-" * 60)
print("The total number of visits was: ",total)
```

活动

添加特性以提高程序的可读性。

把程序提升到新的水平

李老师是北山学校的新生物老师，她非常热衷于研究鸟类，她想用同学们做的程序，但她要求一个额外的功能：

- "程序能告诉我一分钟内到达的鸟的平均数量吗？"

为满足李老师的要求，同学们改进他们的程序。

计算平均值

这个程序要计算一系列数字的平均值。要计算平均值，你需要知道两件事：

- 所有数字加在一起的总数。
- 系列中有多少个数字。

平均值是总数除以个数。

讨论和计划

同学们相信他们能完成这项任务。他们设计这个程序，并进行了讨论。下面是他们讨论的内容。

- 我们需要一个新的变量count或counter，从0开始。
- 每次用户输入一个数字，这个变量就增加1。
- 最后，我们可以用这个变量来计算平均值。

额外挑战

1. 调整程序来计算到访的鸟的平均数量。利用注释来帮助你做出这些改变。
2. 确保程序是可读的和可用的。

测验

1. 用一种方式说明Scratch比Python对用户更友好。
2. 海莉写了一个命令来输出一个变量，她如何改变打印命令，使其更用户友好？
3. 为什么选择良好的变量名会使程序更具可读性？
4. 解释在程序中添加注释如何在你下次编写程序时对你有帮助。

测一测

你已经学习了：

▶ 如何在Python中使用条件（if）结构；

▶ 如何编写带有循环的Python程序；

▶ 如何发现和修复程序中的错误；

▶ 如何使你的程序用户友好和可读。

尝试测试和活动，它们会帮助你了解你的理解程度。

测试

库玛写了一个程序来找出两个数中较大的那个。

当他运行这个程序时，他看到了这个错误信息：

```
number1 = input()
number1 = int(number1)
number2 = input()
number2 = int(number2)
if number1 > number2
    largest = number1
else:
    largest = number2
print(largest)
```

1 消息显示SyntaxError。语法是什么？

2 第5行有一个语法错误。重写这一行，改正这个错误。

波比编写了一个程序，把账单上的所有项加在一起，得出一个总数。

```
total = 0

while variable > 0:
    total = total + variable
    variable = input()
    variable = int(variable)

print(total)
```

3 这个程序中的一个错误将使它无法运行，那个错误是什么？

4 重写程序，改正这个错误。

5 描述一种方法，你可以使这个程序的用户友好性更佳。

6 描述一种可以使这个程序更具可读性的方法。

一个学生编写了一个检查密码的程序。该程序要求你输入密码，并告诉你密码是正确的还是错误的。

```
enter your passcode: 88089
login successful
```

正确的密码是字符串 " 88089 " 。

程序1

尽可能多地做这个活动。

- 编写一个Python程序，要求用户输入密码。

- 使用if结构扩展程序：

  ▶ 如果用户输入正确的密码，程序会输出login successful的信息。

  ▶ 否则，输出login failed信息。

程序2

如果你已经完成了程序1，请尝试此活动。在时间允许的情况下尽量多做。

- 将条件结构替换为while循环。当密码错误时，循环将重复。在循环中，程序要求用户再次输入密码。

- 如果你有时间，扩展该程序，以便记录输入正确密码所需的尝试次数，然后输出尝试次数。

- 尽可能使程序用户友好和可读。

自我评估

- 我回答了测试题1和测试题2。

- 我完成了程序1。

- 我回答了测试题1~测试题4。

- 我完成了程序1，它运行了。

- 我回答了所有的测试题。

- 我至少完成了程序2的一部分，它运行了。

重读单元中你不确定的部分，再次尝试测试题和活动，这次你能做得更多吗？

5 多媒体：制作播客

你将学习：
- ► 如何通过创建大纲和脚本来设计播客；
- ► 如何使用计算机记录数字音频；
- ► 如何使用数字音频工作站（DAW）软件编辑和改进数字音频录音；
- ► 如何使用反馈来改进你的播客。

播客是类似于广播节目的录音，在万维网上共享。播客通常是一集一集的系列，可以每天、每周或每月发布。

你可以将播客文件下载到自己的**设备**上，或者从播客托管服务上以流方式使用。

任何人都可以录制和分享播客——你只需要使用录制设备和互联网。

在本单元中，你将设计并录制播客。你会使用数字录音硬件和软件来制作播客。

学习成果：创建数字媒体；为受众改善数字媒体。

全世界的播客

听播客的人数正在快速增长。播客在亚洲特别流行。据一项调查显示，早在2018年，58%的韩国人在一个月内至少听了一集播客。

许多广播电台现在把它们的节目做成播客。播客的听众通常比传统电台的听众年轻，这意味着制作和收听播客的人数在未来可能会继续增长。

🔌 不插电活动

在本单元中，你将制作一个播客的试播集。媒体公司制作试播集，这样他们就可以测试听众对新作品的反应。

讨论你可以单独制作的播客片段的想法。例如：

- **你在学校做的事情**—— 你最喜欢的课程、学校旅行或学校俱乐部活动；

- **你在家里做的事情**——你的爱好、假期或体育活动。

为你自己的播客试播集选择一个想法，把想法写下来。

谈一谈

播客通常有与广播节目相似的内容，但你用不同的方式收听它们。比较播客和传统广播节目，谈谈二者的优点和缺点，哪种方式最适合你的生活方式？

你知道吗？

最近的一项估计表明，世界上有超过75万个播客。它们加起来有3000万集，这是海量的资源！

播客
轨道　剪辑　多轨
单声道　剪辑　循环播放
参数　混合　安全复制
流　脚本

5.1 设计播客

本课中

你将学习：

▶ 如何设计播客；

▶ 如何写播客大纲和脚本。

螺旋回顾

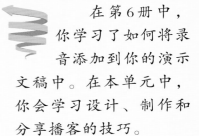

在第6册中，你学习了如何将录音添加到你的演示文稿中。在本单元中，你会学习设计、制作和分享播客的技巧。

制作和分享播客

播客使用一种叫作音频编辑器或数字音频工作站（DAW）的应用程序来录制。像广播节目一样，播客可以有语言和音乐。使用音频编辑软件可以让你分别录制语言和音乐，然后编辑和合成它们来创建你的播客。播客是通过专门的流音频托管服务共享的。

如何设计你的播客

你已经有了播客的初步想法。现在你需要把想法变成一个计划。你可以考虑以下三件事来帮助你制订计划：

1. **你的目标**：这就是你制作播客的目的。问问你自己，你想让听众在听了你的播客后知道或理解什么？你希望他们听了你的播客后有什么感觉？

2. **你的目的**：为了达到你的目标，你需要在播客中告诉你的听众什么？

3. **你的限制条件**：你希望你的播客有多长（有多少分钟）？设定一个时间限制可以帮助你专注于最重要的内容。

当你制订计划时，约束是非常重要的，因为它们是不可改变的。你的目标和目的经常需要改变，这样你就可以不受约束地实现它们。

从写下你制作播客的目标开始，应该如右下图所示。

既然你已经设定了目标和时间限制，你就可以开始考虑播客的目的了。

Aim: I'm going to create a_____minute podcast to tell my audience about _____

_____

_____.

选择的内容

想想在播客中内容呈现的最佳方式。下面是呈现内容的一些选项。

呈现方式

- 单独呈现：你单独展示你的内容。

- 共同主持：将自己的内容与一个或多个其他的内容一起呈现。

- 访谈：你向嘉宾提问，以获得他们对某一主题的意见或专业知识。

地点

- 在录音棚里——你和你的搭档主持人或被采访者在室内录音棚里。如果你使用Skype或类似的音频聊天服务进行访谈，你甚至可以在不同的工作室。

- 现场——你可以在录音棚外用便携设备录制内容。

氛围

- 正式且信息丰富——你使用正式的语言并与你的听众分享详细的信息。这种风格适合严肃的主题。

- 非正式和娱乐性——你使用不那么正式的语言，目的是让你的听众感觉良好，微笑或大笑。

制订纲要计划

你的播客应该有一个结构。你需要仔细规划播客不同部分的顺序。在媒体制作中，节目的各个部分有时被称为片段。

你可以使用提纲来帮助你组织你的播客。大纲给出了各片段的顺序，并简要说明了不同片段将包括什么。一些常见的片段是：

- **内容提要**——解释你是谁，播客是关于什么的。

- **韵律声（或"叮"）**——一首短小的乐曲将有助于人们认识和记忆你的播客。

- **主题片段**——使用一个或多个片段涵盖播客的主题，每个片段可以有不同类型的内容，如访谈或独自呈现。

- **结尾部分**——对主题进行简要总结，并得出结论。

- **结束语**——感谢各位听众的倾听，鼓励他们听下一集。

这里有一个播客提纲的例子。

Podcast title	The School Sports Podcast	Length	5 minutes
Segment	**Content**		**Timing**
Intro	Greet the listeners. Say my name. Say that this podcast is about sports at school. Say that this episode will be an interview with the captain of the school ~~football~~ **soccer** team.		30 – 60 seconds
Jingle	Play the School Sports jingle. Fade jingle out after 7 seconds!		10 seconds
Topic 1 : Interview	Introduce and welcome the soccer captain. Ask how successful the school team is.		3 minutes

> 提纲阶段应多考虑观众。例如，他们更容易理解soccer（英式足球）还是football（美式足球）？

编写脚本

大多数播客听起来不正式也很自然。当你试图记住你的大纲计划中的所有内容时，你需要大量的练习才能听起来自然和放松。大多数播客制作者至少在部分播客中使用脚本。

你的脚本确切呈现了你想在某个片段中说的部分或全部的话。当你写脚本时，记住：

- **行文像你说话一样**——使用日常用语，这样听起来自然和放松。
- **使用短句**——这会让你的内容更容易理解。
- **避免使用术语（专业词汇和缩写）**——你的听众可能对你的主题不太了解。

脚　　本

大家好，我是梅丽莎，我是本周学校运动播客的主持人，在这里你可以找到关于我们学校运动俱乐部的所有信息。本周我们将讨论学校足球队。我会问队长赛达，怎么才能加入球队。

音乐

在你的大纲计划中，写下关于你想要包含的音乐类型的想法。在你的播客中，你想在哪里使用音乐？你想营造什么样的情绪？这些会助你以后搜索音乐片段。

⚙️ 活动

你可以使用文件"我的播客大纲"来完成这项活动。

回顾你在"不插电"活动中的播客想法，为你的新播客的试播集选择一个想法。使用提纲模板来完成你的播客提纲：

- 写下你播客的目的和试播集的长度——不超过5分钟。

- 完成播客的每个片段的"内容"栏，包括音乐。

- 在提纲中加入"脚本"一栏，为你认为需要一些脚本内容的每个片段编写脚本。

保存你的工作。

➡️ 额外挑战

播客通常有一个网页，上面有听众的笔记，叫作展示注释（show notes）。展示注释经常在播客中被提及，所以听众知道在哪里可以找到它们。展示注释可以包括文本、图像、图形和到其他网站的链接。你认为哪些材料对播客的听众有用？

✓ 测验

1. DAW这几个字母代表什么？

2. 把计划的各个阶段按正确的顺序排列：
   脚本、目标、大纲。

3. 解释播客的提纲和脚本的区别。

4. 举例说明你的播客计划受到的限制。

5.2 数字录音

本课中

你将学习：

▶ 计算机如何用数字记录声音；

▶ 如何使用多轨音频软件录音。

中文界面图

声音是如何数字化获取的

声音是空气的运动，空气以声波的形式运动。我们的耳朵可以探测到这些声波，麦克风也可以探测声波。

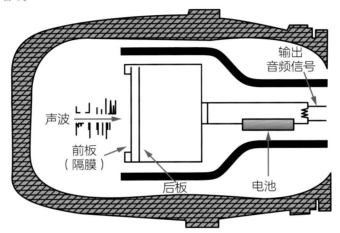

声波

输出音频信号

前板（隔膜）

后板

电池

麦克风有一个部件，当声波击中它时就会振动。在大多数麦克风中振动的部件是隔膜。麦克风还有一个电磁铁，当隔膜振动时就会产生电流。计算机把电流转换成数字数据。

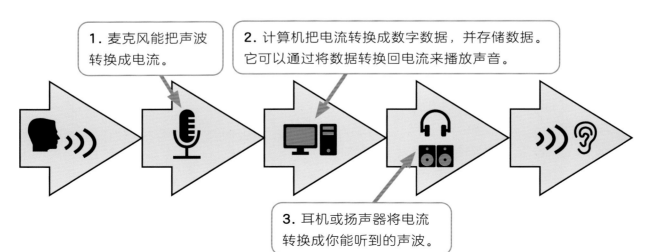

1. 麦克风能把声波转换成电流。

2. 计算机把电流转换成数字数据，并存储数据。它可以通过将数据转换回电流来播放声音。

3. 耳机或扬声器将电流转换成你能听到的声波。

数字音频格式

下表列出了一些常见的音频文件类型，并描述了它们的特性和用途。

文件类型	文件名扩展名	特 征	用 途
WAV	.wav	准确且高质量地存储音频。 WAV文件可能非常大，所以它们需要长时间来复制和处理。不适合便携式播放器或流媒体	高质量的录音，如音乐和演讲。 WAV格式在专业录音棚中使用
MP3	.mp3	使用比WAV更少的存储空间。 MP3文件是压缩的，所以有一些音质的损失。 你可以通过调整压缩程度来减小文件的大小	在个人设备上存储和播放音频。 通过互联网以流的方式传送音频。 专业录制的音乐通常被转换成MP3分享给听众
FLAC	.flac	提供无损压缩——文件尺寸减小，但不会有质量损失	在笔记本计算机和个人计算机等个人设备上存储和播放音频

在本单元的例子中，声音被记录为WAV文件。它可以转换成MP3，以便以后播放。

如何使用计算机录音

要开始录音，你需要一个麦克风连接到计算机上。不同的麦克风适用于不同的环境。

麦克风	特 征	用 途
外置麦克风（电容式） (图)	高质量的音频捕捉。 对背景噪声非常敏感，需要安静的环境	来自声音或乐器的高质量音频
外置麦克风（耳机） (图)	中等质量的音频捕捉或专业质量的广播。 必须放置在靠近说话者嘴的位置，因此它只能接收一个人的声音	网络语音通信。 广播，如体育解说
内置麦克风（笔记本计算机、平板计算机、智能手机）	普通质量音频捕捉。 笔记本计算机的麦克风可以捕捉多个人的声音，但也能捕捉到一些背景噪声	网络语音通信

录音软件

许多计算机和智能手机都有简单的录音机，可以让你录下一段音频。这些应用程序提供的声音编辑的选项很少。它们只能录制和播放单轨**音频**。

要创建一个有多个声音的播客，你需要录制多个音轨。每个音轨可以包含**音频片段**。你可以安排和混合音轨一起创建你的最终音频项目，这个过程称为**多轨录音**和编辑，用于此目的的软件通常称为数字音频工作站（DAW）。

选择数字音频工作站

许多音频编辑应用可以免费下载和使用，如跨平台的Audacity、WavePad、Ocenaudio和Windows平台的Wavosaur或iOS平台的GarageBand。本单元中的示例使用Audacity 数字音频工作站（DAW, digital audio workstation）。你可以在你的设备上使用多轨DAW。

使用DAW

大多数DAW都有一个屏幕，以波形形式显示项目中的声音。波形沿时间轴（从左到右）排列成不同的轨道（从上到下）。当你播放声音时，光标会从左向右移动。光标通常显示为穿过所有轨道的一条线。下图是Audacity项目屏幕的外观。

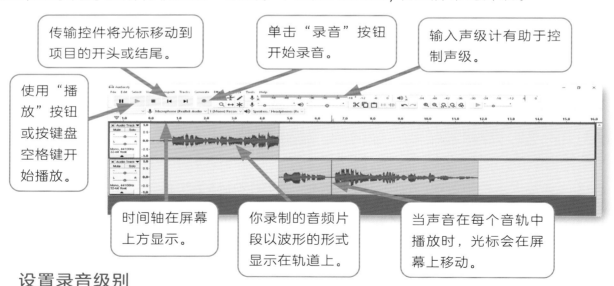

传输控件将光标移动到项目的开头或结尾。

单击"录音"按钮开始录音。

输入声级计有助于控制声级。

使用"播放"按钮或按键盘空格键开始播放。

时间轴在屏幕上方显示。

你录制的音频片段以波形的形式显示在轨道上。

当声音在每个音轨中播放时，光标会在屏幕上移动。

设置录音级别

请确保麦克风、扬声器或耳机已正确安装。

1. 在声级计所在的界面区域中单击。

2. 对着麦克风，用正常的声音说话。

3. 当你说话时，移动录音音量滑块，直到绿色线达到全刻度的三分之二。

译者注：Windows和iOS是两个常见的操作系统。

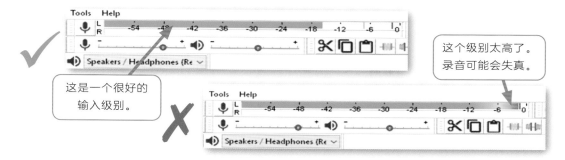

这是一个很好的输入级别。

这个级别太高了。录音可能会失真。

做录音

单击"录音"按钮，开始说话。光标将开始从左向右移动，波形图形将出现，显示正在记录的声音。

当完成录音后，单击"停止"按钮。要收听你的"曲目"，请将光标移到项目的开头，然后单击"播放"按钮。

活动

测试录音。

- 设置麦克风。检查输入声级计，直到你对级别满意为止。

- 录制一分钟的测试音频，选择一段你的播客，使用上节课中创建的大纲和脚本。

- 停止录音并听录音。

- 写下你想对最终录音做的任何改变和改进。

额外挑战

完成第二个测试片段的录音。

- 用Tracks菜单添加一个新音轨，并将光标放在新音轨区域，在时间轴的末尾。

- 完成你的第二个测试片段的录音。

测验

1. 在DAW中，波形表示什么？

2. 写下这句话并填空："麦克风把_____转换_____。"

3. 输入声级计如何帮助你记录音频？

4. 解释音轨和音频片段之间的区别。

5.3 记录播客

本课中
你将学到

▶ 如何录制多个音轨；

▶ 如何检查你的录音质量；

▶ 如何编辑你的录音长度；

▶ 如何沿着时间线安排你的录音。

中文界面图

建立和制作你的播客

在上节课中，你设置了你的录音设备并完成了测试录音。现在是时候录制你的播客了。遵循以下步骤：

● 把你的录音设备放在背景噪声很小的安静之处。

● 决定你将如何完成在你的大纲中这些片段的录音。

　　▶ 你可以在单独的音轨上完成每个片段的录音。

　　▶ 如果你非常有信心，你可以在一个音轨上记录所有的音频片段，然后将它们分开并编辑。

● 录音前先练习每个片段。如果你知道自己的内容，你会感到更放松。

● 单击"录制"按钮，享受制作播客的乐趣。

把片段记录为单独的音轨

在各自的音轨上记录每个播客片段，然后，你可以编辑那些轨道，并安排它们，使它们在一起播放，中间没有间隙。

开始录制你的第一个片段"音轨 1"。按照上节课录音的说明来做，当你准备好录制下一个片段时，在DAW软件中添加一个新的音轨。

在录音中添加更多的轨道

在Audacity中，可以从"轨道"菜单中添加一个新轨道。

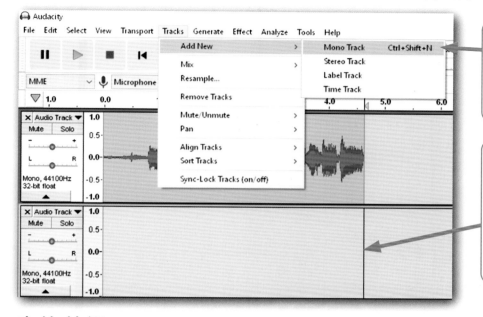

添加一个新的音轨，**单声道适合播客语音录音**，单声道使用单一的音频通道。

将光标放在新音轨区域中，位于第一个片段结束之后，在这个音轨上的录音将从这一点开始，确保选择了正确的音轨。

音轨剪辑

当你在录音时，在单击"录音"键和开始说话之间通常会有停顿。通常在音轨的最后，在你停止说话和单击"停止"键之间也有停顿。

你可以**剪辑**你的音轨，这意味着你可以删除音轨的开头和结尾处任何不想要的片段。

若要剪辑音轨的开头，请使用回放控件从头开始播放音轨。当声音开始时，单击"暂停"按钮。在声音开始之前，单击波形以定位光标。

你可以对音轨的结尾做同样的剪辑，将光标定位在波形上正确的位置，然后打开Select菜单，选择Region，再选择Cursor to Track End（光标到音轨结尾）。

1. 选择Select（选择），然后选择Region（区域）。

2. 选择Track Start to Cursor（光标到音轨开始）。

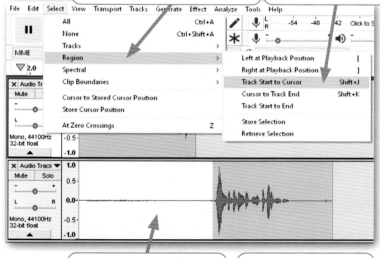

3. 光标之前的区域现在高亮显示，按键盘上的Delete键删除该区域。

4. 现在，当你回放音频文件时，你的声音就会立刻开始。

编辑音轨中的音频

每个人在录音的时候都可能犯错。你可能读错一个词或咳嗽。没关系，因为你可以通过编辑音轨来改正错误。

使用播放控件来播放你的音频文件，并收听你想要编辑的部分。

当你找到想要删除的部分时，单击"暂停"按钮，并按下图所示选择欲删除的部分。

1．选择"缩放"工具，并单击以放大音轨的一个区域。右击可以缩小。

2．使用"选择"工具放置光标，并突出显示波形区域。

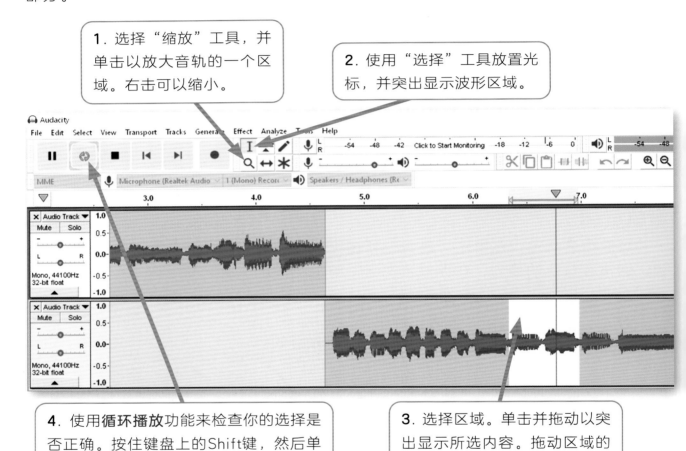

4．使用**循环播放**功能来检查你的选择是否正确。按住键盘上的Shift键，然后单击"播放"按钮，开始循环播放。

3．选择区域。单击并拖动以突出显示所选内容。拖动区域的边缘可使其变大或变小。

要删除所选区域，请按键盘上的Delete键。

移动音轨中的音频

当你编辑了音轨中的音频后，你可能发现音轨不再与其他音轨首尾对齐。剪辑一个音轨的起点可能意味着它在另一个音轨结束之前就开始了。剪辑一个音轨的终点可能在与另一个音轨的起点之间留下间隙。

你可以在音轨上移动音频，使它再次与其他音轨对齐。

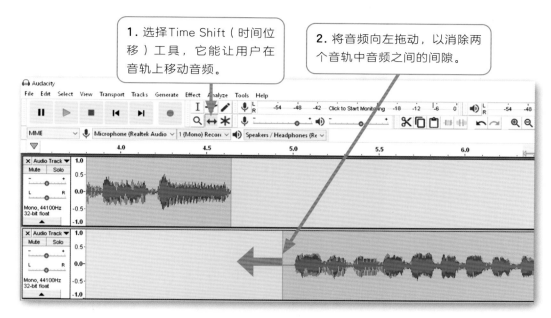

1. 选择Time Shift（时间位移）工具，它能让用户在音轨上移动音频。

2. 将音频向左拖动，以消除两个音轨中音频之间的间隙。

当你移动音频后请收听最后结果。有时候，音轨之间的小间隙听起来比没有间隙要好。

⚙ 活动

把你的播客片段单独记录下来。

回放你的音频，决定你需要编辑什么。

使用剪辑和时间位移工具来编辑你的音轨。

听整个文件来检查你是否完成了完整的播客计划。

保存你的工作。

➤ 额外挑战

单击轨道名称，选择"名称"并为每个轨道输入名称。

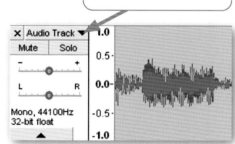

DAW会给每个音轨一个默认的名字。在Audacity中，这个名称是Audio Track。对不同的轨道重新命名，这样在你编辑音轨时能帮助你井然有序地处理多个音轨。

✓ 测验

1. 为什么在一个安静的地方录制音频很重要？

2. 解释一下"剪辑"工具在你的DAW中是用来做什么的。

3. 为什么最好用不同的音轨录制播客片段？

4. 大多数现代音乐都是多轨录音的。解释以这种方式录制音乐的一些好处。

本课中

你将学习：

▶ 如何在你的播客中添加音乐轨道；

▶ 如何在你的音频轨道上添加效果；

▶ 如何混合你的最终音频。

中文界面图

在播客中加入韵律

在第5.1课的播客大纲中包含了一段音乐，这有时被称为韵律声，观众会记住这首短乐曲。

你可以使用DAW将音乐文件添加到你的播客中。在Audacity中，使用Import（导入）函数。

你可以剪辑和移动音乐音频。你可能需要将音频移到其他音轨上，这样它们就不会与音乐轨道同时播放。

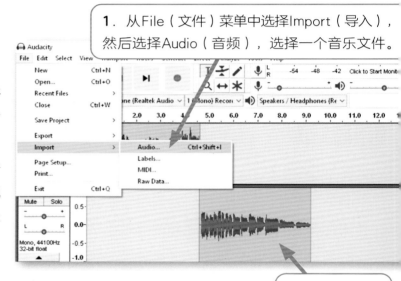

1．从File（文件）菜单中选择Import（导入），然后选择Audio（音频），选择一个音乐文件。

2．导入的音频文件是添加的一个新音轨。

为播客寻找音乐和音效

网上有许多音效和音乐的库，确保版权不属于其他人。在线搜索可以找到没有版权的内容，寻找那些拥有"知识共享"许可或被描述为"免版税"的内容。这意味着你可以在特定条件下在播客中使用这些内容。许可证会告诉你使用条件是什么。

记得要加上音乐家和作品的名字。例如：

"本播客以Sajna Begum的《森林里的雨滴》为特色，这首歌是基于知识共享非商业许可的。"

如果你已经创建了播客，你可以在你的脚本或展示注释中注明引用的作品的出处。

为音频轨道添加效果

大多数DAW都有内置的效果，你可以用于你的音轨和片段。许多效果都有**参数**，即控制效果的设置。使用参数可定制所使用的每个效果。

有些效果可以让音频片段听起来非常不同，所以你需要小心使用它们，记住听众需要能够清楚地听到你说话的声音。

下面这个表格列出了一些最常见的效果和典型的用途。

效　果	改　变	典型的用途
混响	为音频添加"回响"，这模拟了声波在一个房间的许多表面上的反射。 混响效果可以使声音听起来像是从一个大房间、大厅甚至洞穴里发出来的	可以与口语或演唱的声音一起使用，使声音对听者来说更自然。 使用时要注意：过高的音量会使音频难以理解
回声(或延迟)	在短延迟后通过重复音频添加回声。 类似混响，但效果更强	可以用于演讲或声音效果，以提升影响力。 使用时要注意：过多的回声会使声音很快变得不清晰
变调	可以提高或降低音频的音调。(音高是指声音的高低。) 但是变调并不能把每个人都变成伟大的歌手	可以用于演讲或声音效果的冲击或喜剧效果
淡入/淡出	淡入：在片段开始时，音量从零慢慢升高。 淡出：在片段结束时将片段的音量慢慢降低到零。	可以用于任何音频，使两个剪辑之间的连接更顺畅。

小心使用特效，确保你的音频仍然清晰。

应用效果

你可以将效果应用到你的音轨或个别片段。

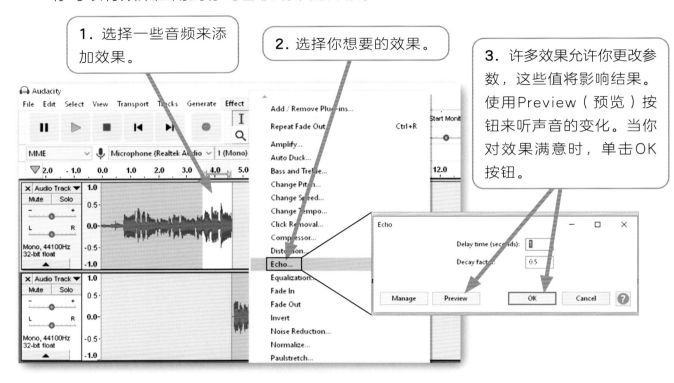

1．选择一些音频来添加效果。

2．选择你想要的效果。

3．许多效果允许你更改参数，这些值将影响结果。使用Preview（预览）按钮来听声音的变化。当你对效果满意时，单击OK按钮。

混合音频

当你已经正确地沿着时间轴放置了所有的音频片段，你已经添加了效果，你可以开始你项目的最后阶段。混音阶段是当你改变每个音轨的音量级别，使整个播客听起来正确。你需要在项目不同部分的音量级之间找到合适的平衡：语音、音乐和音效。

为了平衡音频音量水平，播放音频并使用Gain（增益）滑块来增加或降低单个音轨的音量，直到它们听起来正确。特别注意片段和音轨之间的过渡。当它们在播放时，大多数音轨的音量应该是相同的。

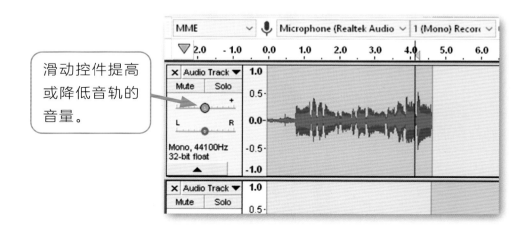

滑动控件提高或降低音轨的音量。

活动

选择一个音频文件添加到你的播客中。

在正确的地方加上韵律，使用提纲文档来提醒你应该放在哪里。

安排所有的音频片段，使每个片段流入下一个。

平衡所有音轨的音量水平，这样就不会有音量的突然变化。

保存你的工作。

额外挑战

尝试在音频片段的某些部分添加效果。例如，试着在韵律中使用"淡出"效果。

探索更多

在电视、广播或互联网上收听一些韵律声。你最喜欢的韵律声是什么？你能解释一下你为什么喜欢它们吗？

测验

1. 什么是"混合"音轨？

2. 解释"淡出"和"淡入"效果的作用。

3. 当你在播客中为语音音频添加效果时，你需要考虑什么？

4. 当你使用别人创作的音乐或其他内容时，为什么需要标注出处？

本课中

你将学习：

► 如何导出你的项目以便与他人分享；

► 如何写播客的展示注释；

► 如何设计调查以获得反馈；

► 如何添加音频文件。

中文界面图

将项目导出为声音文件

在上节课中，你完成了播客试播集的录音和混合。现在，你可以从DAW软件中导出项目，并创建一个可以与他人共享的声音文件。

仔细选择文件格式是很重要的。一些格式，如MP3使用压缩来减小文件尺寸，这对于共享文件很好。像WAV这样的格式很少或不使用压缩，它们可以创建大文件，但音质可以更好。对于像播客这样的录音，MP3这样的压缩格式是最常见的选择。

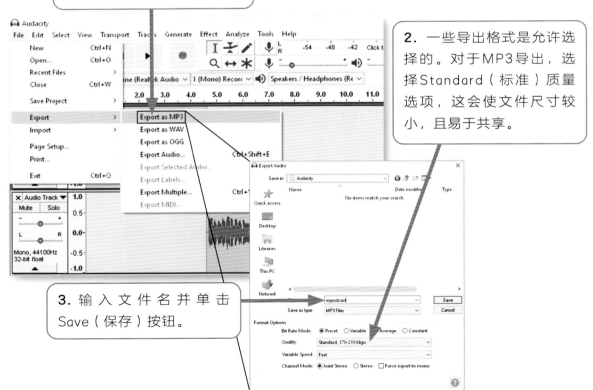

1. 选择最合适的音频格式。

2. 一些导出格式是允许选择的。对于MP3导出，选择Standard（标准）质量选项，这会使文件尺寸较小，且易于共享。

3. 输入文件名并单击Save（保存）按钮。

编写展示注释

当你在网上分享播客的时候，你可以加入笔记，为听众提供更多的信息和内容。播客把这些注释称为"展示注释"。播客通常会为每一集的播客创建一页记录，展示注释可以包括以下内容：

- 到你在播客中提到的网站和其他内容的链接；
- 你在播客中谈论的东西的图片；
- 你的访谈嘉宾的名字和更多关于他们的信息。

通过播客大纲来帮助你开始编写展示注释。你可以使用与大纲相同的结构，为每个片段添加注释，这对你的听众也很有帮助，他们可以把时间记录在展示注释中，这样他们就可以更容易地跟上你的播客。

分享播客文件

播客通常放在专门提供流式音频的网站上。许多听众使用叫作播客捕捉器的应用程序来订阅播客，这些应用程序会在播客发布时下载最新一集。下图是一个播客的例子——你可以看到用户订阅的播客。

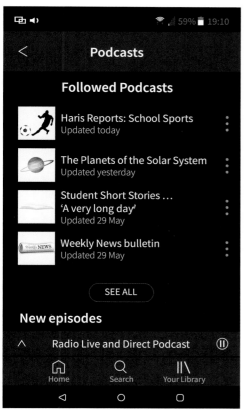

在本单元中，你将使用电子邮件或共享硬盘与同学分享你的播客。

在试播集中获得反馈

在你分享了你的播客之后，向你的听众寻求反馈。你可以设计一个结构化的反馈表格来帮助你的听众给你有用的反馈，包括关于播客的每个部分的问题，以及一个用于评论和建议的框。

这些反馈将帮助你改进试播播客，这也会帮助你确保播客系列的未来章节对听众来说是更高质量和更有趣的。

问一些关于内容的问题。通过提纲来帮助你写出问题。例如："我的播客是针对(你的听众)的，这个播客适合这个观众吗？""我播客的目的就是为了(你的目标)。播客满足这个目标了吗？""播客中最有趣的部分是什么？""这个播客让你感觉如何？"

问一些关于风格和技术质量的问题。例如："演讲者讲话清楚吗？""演讲者是说得太快还是太慢？""有背景噪声吗？"

你还能想到其他你想问听众的问题吗？

这里有一个反馈表格的例子。

空格中是提供反馈的听众的名字。

关于每个部分的问题。

播客标题	学校运动播客
评论者名字	
部分	**问题** 请回答关于每个部分的问题，并在方框中添加你的意见和建议。
简介 (0:00-0:35)	这一部分的目的是介绍我自己和主题。 • 这个部分的目的是让你对这个播客感到兴奋。它达到这个目标了吗？ _____ • 演讲者讲得清楚吗？ _____ • 主讲人是说得太快还是太慢？ _____ • 有背景噪声吗？ _____
	你的意见和建议：
韵律 (0:35-0:45)	韵律的目的是成为一首令人难忘的音乐，让你开心。 • 它达到这个目标了吗？ _____

每个部分的细节，还有时间。

记录倾听者的评论和想法的地方。

从你的测试听众那里收集反馈，这样你就可以在下一节课中改进你的播客。

(⚙) 活动

将播客导出为音频文件，使用可以帮助听众记住播客作者的文件名。

和你的同学分享你的播客。

创建一个反馈表格。

听一些同学的播客，并为每个播客填写反馈表。你的反馈应该是诚实的、有帮助的、友好的，目的是帮助同学们改进他们的播客。

为播客收集反馈表格，下节课你会用到它们。

(→) 额外挑战

创建你的展示注释，创建一个简短的文档，包含关于一个或多个片段的注释。与正在听播客的同学分享你的展示注释。

(✓) 测验

1. 说出三件你可以在展示注释中包含的事情来帮助听众。

2. 描述至少两种与人分享播客的方法。

3. 解释反馈是如何帮助你改进播客的。

4. 解释压缩音频和未压缩音频之间的区别。

(⏻) 未来的数字公民

寻求反馈是每个人在生活中都需要的技能。许多人担心他们会收到负面的反馈。对网络服务和社交媒体的反馈通常是匿名的——人们不需要说出自己的名字。有时候匿名的反馈是没有帮助的，甚至是有害的。

但是获得反馈是学习和提高的最好方法之一。通过仔细选择展示作品的地点，确保你能得到有帮助和建设性的反馈。使用开放性问题，例如："你喜欢我的劳动成果吗？"当你问大多数人的时候，他们会给你诚实和有帮助的反馈。

本课中

你将学习：

中文界面图

▶ 如何分析播客的反馈；

▶ 如何按优先顺序处理改进工作；

▶ 如何通过改进你的播客来练习音频制作技能。

在上节课中，你的同学就你的播客试播集给了一些反馈。在本节课中，你将使用在本单元学到的技能来改进你的播客。你会利用同学们的反馈来帮助你。

分析反馈并计划改进

当你分析收到的反馈时，你的目标是了解人们喜欢什么，不喜欢什么，并决定做些什么来改进它。从阅读反馈表格开始分析反馈。

把下列内容写下来：

- 你的听众对改进的建议—— 这些是你可以做出的改变。

- 你的听众的评论—— 把这些变成你可以做的改变。例如，你可以把评论"我不喜欢这首音乐，因为它听起来很悲伤"变成建议"用一首快乐的音乐代替"。

现在你就有了一份需要改进播客的清单，这些是你的任务，你需要把任务按轻重缓急排序。

有许多不同的方法来划分任务的优先级。一个好的方法是将任务按以下顺序排列。

1. **最重要的**：首先，解决任何重大错误和技术问题。

2. **最难的**：其次，做一些需要时间和精力的困难的改变。

3. **最简单的**：最后，做一些小的、不那么重要的快速改变。

解决音频问题

听众的反馈可以帮助你发现问题，但你往往必须自己找到问题的原因，然后纠正它们称为故障排除。故障排除最好是有条不紊地进行——逐个检查可能导致问题的原因，直到找到原因为止。

下面是一些你可能需要进行故障排除的常见问题。

问题	可能原因及解决方法	故障诊断提示
语音很难听清楚	**在混音中说话声音太低了。** 调整音频的级别（音量），如果同时播放音乐和讲话，降低音乐音轨的音量。 **语音失真。** 检查你的语音音频的音量，并试着降低它	如果同时播放多个音轨，可以使用Mute按钮使其中的一些音轨静音，这样就更容易听到问题在哪里。 使用Normalize（规范化）工具或效果来平滑音量差异。
声音失真	**数字剪辑。** 利用Solo功能回放受影响的音轨。如果声级计达到红色区域，可能会出现削波现象，你的DAW可能有一个删除剪辑的工具	寻找一个功能或工具，如Clip fix（在Audacity中）。尝试不同的参数，直到你的声音听起来清晰
背景声是隆隆声	由空调、交通或其他运动引起的振动引起的低频隆隆声，你可以使用均衡效应消除低频噪声。	尝试使用High pass filter（高通滤波器）效果，并将频率参数设置为80～120Hz

为你的麦克风使用减震器来减少低频隆隆声。

改进播客

打开DAW项目文件，通过以**不同的名称**保存你的项目创建一个安全的副本。例如，可以在文件名的末尾添加单词edit。如果在编辑过程中出现任何错误，可以返回到安全副本并重新开始。

现在可以开始进行修改了，从最高优先级的修改开始。

你可以再看看5.3课和5.4课，找到如何编辑音频的说明。

要沿着时间轴移动音轨，请参阅5.3课。

要剪裁一个片段来缩短它，请看5.3课。

要在片段中添加效果，请参阅5.4课。

要调整音轨的音量，请参阅5.4课。

要在新音轨中添加音频，请参阅5.3课。要添加新的音乐片段，请参阅5.4课。

活动

分析你的播客片段的反馈。

把要做的修改按优先顺序列出来。

按优先级修改播客。

保存你的工作，你已经完成了播客的试播集。

额外挑战

回听完整的播客，你认为修改后的播客更好吗？你认为你所做的修改会让那些给予反馈的听众满意吗？写下你的修改是如何影响播出效果的。

你想学习更多关于数字音频的知识吗

播客是开始使用数字音频的好方法。你可以用很少的经验和非专业设备来录制和分享播客。一旦你学会了如何连接麦克风和使用DAW，你就可以尝试新的东西了。

下一级播客

在网上搜索关于提高你的播客技能的想法。

- 建立一个家庭工作室，使用电容麦克风和混音器来提高质量，尝试自制隔音材料，让你的录音更清晰、更专业。

- 使用音频聊天服务与世界各地的朋友和家人录制播客。

- 使用播客托管服务推广你的播客。

导入音乐

你会演奏乐器吗？还是喜欢唱歌？使用搜索引擎来寻找关于下列选项的更多信息：

- 使用你的DAW来录制音乐。多轨音频可以让你的演奏和唱歌像一个专业人士。

- 找到免费的背景音乐，并在背景音乐上录制你的声音和乐器。

- 使用流媒体平台分享你的音乐。

✓ 测验

1. "故障排除"是什么意思？

2. 制作文件的"安全副本"的目的是什么？

3. 在分析了你的反馈后，你应该先解决哪类问题？

 a. 最容易　　　b. 最难　　　c. 最重要

4. 描述一下你是如何决定播客问题或修改优先级的。

测一测

你已经学习了：

► 如何通过创建大纲和脚本来设计播客；

► 如何使用计算机记录数字音频；

► 如何使用数字音频工作站（DAW）软件编辑和改进数字音频录音；

► 如何使用反馈来改进播客。

试试测试和活动，它们会帮助你了解自己的理解程度。

测试

1 描述DAW的主要功能。

2 "反馈"这个词是什么意思？

3 解释术语"多轨录音"。

4 按照正确的顺序来安排下列计划阶段：写大纲、写脚本、写下目标、讨论想法。

5 至少描述一种利用观众反馈来改进播客试播集的方法。

6 当你使用DAW时，你可以添加三个常见的音频效果。

活动

下载Techpodcast音频文件。

你是播客制作服务公司的音频制作工程师，这是一家帮助播客制作节目的小公司。一个播客导演要求你用一些预先录制的音频文件创建一个播客。

领导已经给你下达了这些命令，他们还就以下片段提出了建议：

部分	内 容	建 议
1	介绍（主持人）；使用文件 techpodcast_intro.wav	
2	韵律声（音乐）；使用文件 techpodcast_jingle.wav	你可以在韵律声的最后使用淡出效果
3	访谈（主持人和受访者）；使用文件techpodcast_intervew.wav	请在片段开始时剪裁掉静音部分
4	结尾部分（主持人）；使用文件 techpodcast_outro.wav	

打开你的DAW，把每个片段导入单独的音轨。

按正确的运行顺序排列片段。

对片段进行建议的修改，以及其他你认为需要的修改。检查它们是否仍然有序，并且它们之间没有长时间的中断。

保存你的项目。

将播客导出为音频文件。

自我评估

- 我回答了测试题1和测试题2。
- 我开始进行活动，导入了一些音频片段到我的DAW，并开始调整它们的顺序。
- 我回答了测试题1～测试题4。
- 我在这个活动中取得了很好的进步，按正确的顺序排列了所有的片段。
- 我回答了所有的测试题。
- 我完成了活动，编辑了这些片段，并将播客导出为音频文件。

重读单元中你不确定的部分，再次尝试测试题和活动，这次你能做得更多吗？

6 数字和数据：业务数据表

你将学习：

► 如何将数据存储在数据表中，以便人们能够访问和使用数据；

► 如何从计算机数据表生成有用的业务信息；

► 如何使用错误检查和错误消息来阻止错误数据。

在本单元中，你将制作一个简单的、用于企业业务的单表数据库。你将创建一个网上购物业务，在网上销售商品，为你的业务创建一个数据表，以记录库存中的物品。

不插电活动

小组合作，为网上购物业务提出想法。在纸上，为网站做一个设计，列出你能卖的东西，为你的企业设计一个标志和口号。

谈一谈

你或你的家人使用网上购物来购买商品吗？你喜欢网上购物还是去商店购物？每种购物方式的优点和缺点是什么？

学习成果：创建单表数据文件；检查数据输入的准确性。

⏻ 未来的数字公民

　　网上购物的发展影响了现代城镇中心和当地购物中心。去商店的人更少了。一些商店已经关门了。

　　支持当地商店很重要吗？我们如何帮助支持我们当地的商店？购物习惯的改变会影响社区的工作机会吗？这些都是未来公民的重要问题。

你知道吗？

　　杰夫·贝索斯在1994年创建了在线购物网站亚马逊。互联网在当时还是很新的东西。贝索斯决定创建一个销售网站，他列出了可能出售的20种产品。最后，他决定他的新商机是卖书，因为全世界都对读书感兴趣。

　　贝索斯称他的公司为亚马逊，因为亚马逊河是世界上最大的河流，他计划让他的网上商店成为世界上最大的商店。

> 原子的
> 自动求和　货币　数据表
> 字段　信息　关键字段
> 记录　验证

6

数字和数据：业务数据表

本课中

你将学习：

▶ 如何选择和收集业务数据；
▶ 如何创建自己独特的商业创意。

螺旋回顾

在第6册中，你创建了一个包含业务数据的电子表格。在这节课中，你会收集关于业务想法的数据。在接下来的课程中，你会使用数据制作一个有用的业务数据表。你在本单元的工作将是独一无二的。

选择商业创意

在第2单元中，你学习了如何使用网上购物在网上买卖东西。在本单元中，想象你正在创建一个线上商店，你将使用电子表格保存在线业务记录。

首先，你必须决定你要在网上商店出售什么。你会在本单元看到一个名叫詹娜的学生的工作。詹娜决定她的网店出售自制果酱。你将选择不同类型的产品来销售。你将使用真实产品的名称。

城市公园学校的学生进行了一次讨论。他们谈论他们的商业创意，谈论他们想要销售的产品。以下是学生们选择的一些商业创意：

- 销售运动鞋；
- 销售手机；
- 销售服装用品。

 活动

现在考虑一下你的网上业务想法，选择一个你感兴趣的想法，与班里的其他同学谈谈你的想法，然后写下你的想法和你公司的名字。

调研销售的产品

现在你需要选择你要在网上商店出售的产品。你的客户想知道的不仅仅是产品的名称。你需要了解有关产品的信息，以便为客户提供有用的信息。

网络调研

为了找到关于产品的信息，你需要进行网络研究。

你必须找到包含所需信息的网页。

- 使用搜索引擎找到适合你的商业创意的产品的网页。

- 找出你想要销售的产品的相关信息。

例如，艾姆瑞特决定销售训练运动鞋和其他运动鞋。他在搜索引擎中输入了Buy trainers（购买训练运动鞋）。

你搜索的一些结果是广告的链接。在本任务中，看广告是可以的。广告会给你关于你可以销售的产品的想法。

网页

艾姆瑞特找到了一个关于训练鞋的网页。网站上有训练鞋的图片和其他信息。

你可以点击任何一个产品来找到更多的信息。在这个任务中，你只是收集信息，不需要收集任何图像。

6

数字和数据：业务数据表

选择产品

在你的研究中，确保你浏览了多个网页和大量的产品，选择你想要销售的10种不同的产品。它们不必都是同一家公司生产的，不必都在同一个网页上。

写下你想在网上商店出售的产品的名称和找到它们的网站的名称。

选择信息

关于每个产品，你应该在电子表格中存储哪些信息？你的客户想知道什么？

右边显示了詹娜将在她的果酱产品电子表格中存储的信息。

无论你选择何种产品，你都可能需要以下信息：

- 产品名称；
- 产品价格；
- 生产该产品的公司（供应商）。

你还需要一些对你的产品有特殊意义的信息。买果酱的人会想知道果酱的味道和每罐果酱的质量。买训练鞋的人会想知道颜色和鞋码。购买手机的人会想知道手机的存储容量和屏幕大小。

味道：草莓

质量：300克

品牌：百思买集团果酱

供方：市场食品有限公司

价格：4.99美元

收集数据

有几种方法可以收集你需要的数据。

- 你可以浏览网站并在纸上做笔记，然后在你的文字处理软件中创建一个新文档，输入笔记的内容。

右边是一些詹娜做的关于果酱产品的笔记。詹娜将数据输入文字处理文档中。

- 你可以在计算机上同时打开两个窗口：
  - ▶ 一个窗口是数据的网页；
  - ▶ 一个窗口是文字处理文档。

你可以把你的笔记直接输入文档中，还可以从网站复制和粘贴数据到文档中。

产品标签

百思买草莓；
300克4.99美元；
供销商：市场食品有限公司

有机梅；
500克7.99美元；
供应商：家制保鲜

有机樱桃；
300克9.99美元；
供应商：家制保鲜

这里有一些艾姆瑞特在他的网上商店出售的训练鞋的例子。他使用了分屏，网页数据在屏幕的一边，他的文字处理文档在屏幕的另一边。

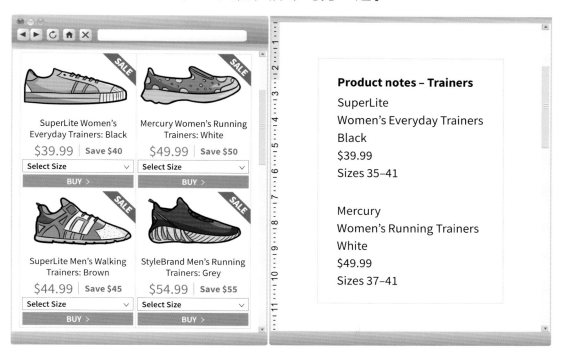

 **活动**

确定你将在网上销售什么产品。

通过互联网研究，找到这种产品的很多不同的例子。

选择10种产品在你的企业销售。

决定你要收集哪些关于你的产品的信息，至少4条信息。

将信息收集到文字处理文档中。

额外挑战

你已经收集并存储了有关产品的数据。除了产品数据，企业还需要什么其他信息？对网上购物企业的所有者可能需要的其他信息做简要的笔记。

创造力

为你的公司设计一个标志（logo）。你可以使用图形应用程序制作。

测验

1．列出你决定在网上商店出售的产品清单。

2．写3条你收集到的关于你的产品的信息。

3．说明为什么每条信息对你的业务或你的客户是有用的。

4．给出你在本课中使用的网站的统一资源定位地址（URL）。

6

数字和数据：业务数据表

147

本课中

你将学习：

中文界面图

▶ 数据与信息的区别；

▶ 如何通过将数据组织成记录和字段制作数据表。

数据和信息

数据和**信息**是计算中的两个重要术语：

- 数据意味着事实和数字。在上节课中，你为新业务收集了有关产品的数据。

- 信息是经过组织的数据，组织数据使其更有用。

把数据转换成信息的任务有时被称为**数据处理**。数据处理是人们使用计算机做的最重要的事情之一。我们把事实输入计算机，然后对事实进行组织，使它们更有用。在本节课中，你会组织产品数据，使其更有用。把数据组织到一个表中，在表格中组织数据有几个好处：

- 更容易找到你想要的信息；

- 更容易创建额外的信息，例如，使用计算生成新的信息；

- 更容易发现错误并改正它们。

数据表

目前，你的产品数据存储在一个文字处理文档中，这个文档对运行业务不是很有用，很难找到你想要的信息。为了使产品数据更有用，需要把数据组织到一个**数据表**中。

数据表是由行和列组成的网格，每个单元格包含一项数据。数据项被组织起来，便于查找你想要的信息。

我们在日常生活中看到的很多数据都被组织成数据表。这里有一些例子：

- 老师在开始上课时填写的登记册；

- 餐馆的价格表；

- 机场显示起飞的公告牌。

在每种情况下，信息被组织成行和列，形成一个表。在本单元中，你会使用电子表格软件制作产品数据表。

记录和字段

数据表由**记录**和**字段**组成。

- 记录存储关于一个项目的所有信息，表中的行是记录。

- 字段存储一种类型的数据。表中的列是字段。

数据表中的每条记录都有相同的列，这意味着你存储关于每个项目的相同类型的信息。看看你上节课收集的数据。你收集了什么类型的信息？做一个列表。例如：

- 产品名称或品牌；

- 颜色；

- 尺码。

当你创建了想要存储的信息类型的列表后，就可以开始创建数据表了。

颜色：黄色　**尺码：43**

商标： SuperLite　**供应商：** Maxx运动

价格： $79.99

制作电子表格

你要将产品数据组织成字段和记录，使用电子表格软件。

看看你想要存储的信息列表，每一项信息都将是数据表的一个字段。每个字段都有一个名称。字段的名称告诉你在该字段中存储了什么信息。字段名放在电子表格的顶部——每一列都有一个字段名。

现在看看存储了所收集数据的文字处理文档，这些数据进入电子表格，每个字段存储一类信息。

下图显示了詹娜的在线果酱店的数据。詹娜将数据组织成记录和字段。

	A	B	C	D	E
1	Flavour	Weight	Brand	Supplier	Cost
2	Strawberry	300g	Best-buy	Market Foods Ltd	$4.99
3	Plum	500g	Organic	Homemade Preserves	$7.99
4	Cherry	300g	Organic	Homemade Preserves	$9.99
5	Strawberry	350g	Low-sugar	Homemade Preserves	$9.99
6	Raspberry	300g	Finest	Handmade Jam	$11.99
7	Blueberry	400g	Finest	Handmade Jam	$12.99
8	Mixed Fruit	350g	Best-buy	Hungry Farmer Jam Company	$7.50
9	Plum	500g	Low-sugar	Hungry Farmer Jam Company	$7.50
10	Strawberry	400g	Organic	Market Foods Ltd	$4.50
11	Cherry	300g	Finest	Luxury Jam	$19.99
12					

每个电子表格行都是一个记录。

每个电子表格列都是一个字段。

数字和数据：业务数据表

关键字段

詹娜的线上果酱店的顾客需要能够确定他们想要购买的确切产品。他们是怎么做到的？

- 不是根据口味：每种口味的果酱不止一种。例如，有三种不同的草莓产品。

- 不是根据品牌：每个品牌的果酱不止一种。例如，有两种不同的百思买产品。

- 不是根据供应商：每个供应商提供的果酱不止一种。例如，有两种不同的Handmade Jam产品。

因此，数据表需要一个额外的字段，这个额外的字段称为**关键字段**。关键字段存储唯一的数据，即每个记录的该数据都是不同的。关键字段用于标识记录，其另一个名称是主键。

插入新列

关键字段通常在A列，所以你需要为它让出空间。一个简单的方法是插入一个新列。

- 选择列A，即单击列顶部的字母A。

- 单击屏幕左上角的Insert（插入）按钮，从菜单中选择Insert Sheet Columns（插入列）。

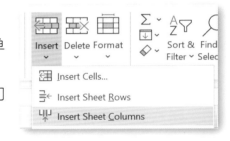

出现一个新的空列A，你的旧数据都没有丢失。它们只是向右移动了一列。

添加产品代码

现在你可以给每个产品输入关键字段数据。

代码是很好的关键字段，设计数据表的人会给每个项目一个不同的代码。例如，在一个产品表中，每个产品项都有一个产品代码，代码可以由字符或数字组成。

为数据表中的每个产品想一个代码。詹娜给她的产品代码以字母P（代表产品）开头，然后是一个唯一的数字。

	A	B	C	D	E	F
1	Product code	Flavour	Weight	Brand	Supplier	Cost
2	P0001	Strawberry	300g	Best-buy	Market Foods Ltd	$4.99
3	P0002	Plum	500g	Organic	Homemade Preserves	$7.99
4	P0003	Cherry	300g	Organic	Homemade Preserves	$9.99
5	P0004	Strawberry	350g	Low-sugar	Homemade Preserves	$9.99
6	P0005	Raspberry	300g	Finest	Handmade Jam	$11.99
7	P0006	Blueberry	400g	Finest	Handmade Jam	$12.99
8	P0007	Mixed Fruit	350g	Best-buy	Hungry Farmer Jam Company	$7.50
9	P0008	Plum	500g	Low-sugar	Hungry Farmer Jam Company	$7.50
10	P0009	Strawberry	400g	Organic	Market Foods Ltd	$4.50
11	P0010	Cherry	300g	Finest	Luxury Jam	$19.99

关键字段通常是数据表中的第一个字段。

活动

使用你的产品数据制作一个数据表。

- 输入字段名称作为列标题。

- 输入产品数据，每行包含每个产品的数据。

- 为每个产品创建一个关键字段，并输入产品代码。

原子化事实

在数据表中，事实应该是**原子化的**。在处理数据时，"原子化"（atomic）一词有特殊的含义。这意味着你不能将该数据分割成更小的部分。这里有两个例子：

百思买草莓300克	市场食品有限公司

这个数据不是原子化的。

你可以把这些数据分开。

你需要把它变成三部分：

- 百思买；

- 草莓；

- 300克。

这个数据是原子化的。

尽管数据是由多个词组成的，但不能进一步将它们分开。这些词只标识了一个事实——供应商的名称。在这个数据表中，"市场"这个词本身没有意义。

 额外挑战

确保数据表中的所有数据都是原子化的数据。

✓ **测验**

1. 数据表的第一行显示了什么信息？

2. 写出数据记录的定义。数据表的哪一部分用来存储一条记录？

3. 数据表中关键字段的作用是什么？

4. 数据字段应该是原子化的，解释这是什么意思。

本课中

你将学习:

▶ 如何为表中的每个字段选择正确的数据类型。

中文界面图

你的数据

已将数据存储在数据表中。

● 每一类数据存储在数据表的一个字段中。字段是表的列。你的表应该至少有5列(包括关键字段)。

● 关于一个产品的所有信息都存储在数据表的一条记录中。记录是表中的行。你的表应该至少有10行。

现在改进数据表,使其更有效。

数据类型

在第1单元你学习了不同类型的数据是如何存储在计算机中的。当你在第3单元编写程序时,你学习了不同的数据类型。

Python中的数据类型

在Python中,每个变量都有数据类型。在Python中使用的数据类型有:

● 字符串变量:保存文本值。计算机使用ASCII值保存这些数据。ASCII数据不能直接用于计算。

● 整型变量:只能保存整数值。

● 实型变量:可以保存任意数值,包括小数。

数据表中的数据类型

数据表也使用数据类型。存储在数据表每个字段中的数据都有同一个数据类型。一列中的所有数据都应该是相同的数据类型。数据表中使用的两种重要数据类型如下:

● 文本数据:不能用于计算。

● 数值:可以用于计算。

文本数据

数据表中的一些单元格存储文本数据。文本数据可以包括任何可以用键盘输入的字符。右图是一些保存文本数据的电子表格单元格的示例。

L
Product code
P0001
Total cost
$4.50
Weight = 500g

文本数据**左对齐**。这意味着数据显示在单元格的左侧，单元格右侧留有空白区域。

表格中的一些数据将用于计算。如果你认为数据将用于计算，那么就不能将其存储为文本数据。它必须存储为一个数值。

数值

数值代表某物的数或量。数字值用从0到9的数字的组合表示。数字可能包括小数点或负号。请记住，数字值不能包含其他字符，如逗号、货币符号或字母表中的字母。

哪个是数字

看看右图。下面哪个电子表格单元格存储数字值？

找出这些数值是相当容易的。数值是**右对齐的**，这意味着数据显示在单元格的右侧，单元格的左边显示空白。

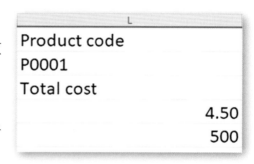

删除文本字符

你的数据表应该包括一些数字数据。例如：

- 产品的尺寸或质量；
- 产品的成本。

你必须确保该数据使用数字值存储，检查这些字段是否包含任何非数字字符，去掉那些多余的字符。

质量

詹娜的表格包括了每个产品的质量。詹娜输入的质量是300g或400g。这些是文本值，因为它们包含字母g，g代表grams（克）。

但是质量应该存储为一个数值，因为它代表一个数量。詹娜必须将数据转换为一个数值，她删除了每个单元格里的字母g，只剩下数值了。例如，300。

相反，詹娜在字段名中加入了字母g，这是为了提醒她这些值代表的质量单位是克，新的字段名是Weight (g)。

货币值

詹娜的表格还包括了每个产品的成本。这个字段中的值是钱款的数量，所以它们是数字数据。但是詹娜输入这个数据时都带有货币符号$。她不得不删除货币符号。如果包含了其他符号，例如逗号，也要删除它们。

下面是詹娜从数字数据中删除多余字符后的果酱表。你可以看到数字数据是右对齐的。这表明詹娜输入的数据是正确的。

	A	B	C	D	E	F
1	Flavour	Weight (g)	Brand	Supplier	Cost	
2	Strawberry	300	Best-buy	Market Foods Ltd	4.99	
3	Plum	500	Organic	Homemade Preserves	7.99	
4	Cherry	300	Organic	Homemade Preserves	9.99	
5	Strawberry	350	Low-sugar	Homemade Preserves	9.99	
6	Raspberry	300	Finest	Handmade Jam	11.99	
7	Blueberry	400	Finest	Handmade Jam	12.99	
8	Mixed Fruit	350	Best-buy	Hungry Farmer Jam Company	7.5	

数据格式

数据格式是指用于显示数据的样式，必须为数据表中的每个字段选择合适的格式。字段中的每个数据值都是相同类型的数据，因此必须具有相同的格式。

一些可用的数据格式显示在电子表格顶部的工具栏中。

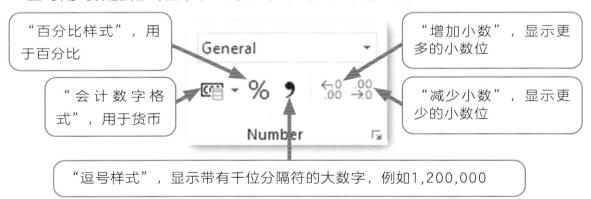

"百分比样式"，用于百分比

"增加小数"，显示更多的小数位

"会计数字格式"，用于货币

"减少小数"，显示更少的小数位

"逗号样式"，显示带有千位分隔符的大数字，例如1,200,000

选择货币格式

货币（Currency） 是指钱款值。货币格式的图标是一些货币的图片。在詹娜的数据表中，列F包含产品成本，该数据是货币值，因此詹娜决定将列F格式化为货币数据。

- 詹娜单击字母F，选择了整个列。

- 然后她单击了"货币"图标。单击"货币"按钮会打开一个菜单。

可以使用它为产品成本选择货币符号。

表格格式

电子表格软件允许数据格式化为表格，将格式设置为表格更容易处理数据。例如，可以很容易地对数据进行排序或搜索，输入计算就很容易了。选择你输入的所有数据，包括字段名。

在工具栏上找到Format as Table（格式化为表格）按钮，单击这个按钮，为你的表格选择颜色和样式。

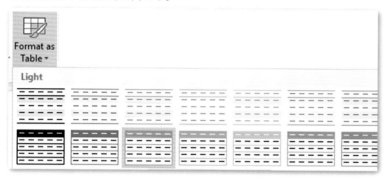

你完成的数据表将如下所示。

Product code	Flavour	Weight (g)	Brand	Supplier	Cost
P0001	Strawberry	300	Best-buy	Market Foods Ltd	$ 4.99
P0002	Plum	500	Organic	Homemade Preserves	$ 7.99
P0003	Cherry	300	Organic	Homemade Preserves	$ 9.99
P0004	Strawberry	350	Low-sugar	Homemade Preserves	$ 9.99
P0005	Raspberry	300	Finest	Handmade Jam	$ 11.99
P0006	Blueberry	400	Finest	Handmade Jam	$ 12.99
P0007	Mixed Fruit	350	Best-buy	Hungry Farmer Jam Company	$ 7.50
P0008	Plum	500	Low-sugar	Hungry Farmer Jam Company	$ 7.50
P0009	Strawberry	400	Organic	Market Foods Ltd	$ 4.50
P0010	Cherry	300	Finest	Luxury Jam	$ 19.99

活动

将产品的电子表格转换成数据表。请确保：

- 用数值数据标识所有字段，即从数据中删除字母和其他符号；
- 将货币值格式化为货币；
- 将整个电子表格格式化为表。

额外挑战

你可以更改电子表格的样式和颜色，尝试几种不同的风格，选择适合你业务的风格。

测验

1. 以下哪一种说法是正确的？

a. 一条记录中的所有数据都应该是相同的数据类型。

b. 同一字段中的所有数据类型必须相同。

2. 当你查看一个字段时，你可以判断它存储的是数值还是文本数据。你怎么知道的？

3. 文本数据是如何存储在计算机中的？

4. 举例说明不能用文本数据完成的事。

本课中

你将学习：

▶ 如何使用计算来生成业务信息。

中文界面图

数值和计算

在本节课中，你将使用计算扩展数据表，使用电子表格公式进行计算。你要计算：

- 股票在一天开始和结束时的项目数；
- 股票的价值。

你会学习如何为业务目的选择和使用正确的计算。

库存中的物品

库存是一个商业术语，是企业拥有的所有物品。它可以包括：

- 待售产品；
- 企业生产的原材料和物品；
- 企业拥有的其他物品，如工具。

对企业来说，掌握库存物品数量的最新数据是非常重要的。库存几乎是所有企业的一项重要投资。企业库存的所有物品的清单通常被称为存货清单。

库存检查

一个企业如何知道它的库存有多少物品？公司的工人进行存货检查。这意味着他们去仓库清点所有的物品。如今，进行库存检查的工作人员可以使用平板计算机等便携式设备进行库存检查。

有时存货上有条形码标记。工作人员可以扫描条形码，这种方法更快，更准确。

库存检查告诉企业当天每个物品的数量。但是物品的数量每天都在变化：

- **入库**：企业可以从供应商那里购买商品，顾客可以退货，存货的数量增加了。
- **出库**：公司可以出售商品，有时物品丢失或损坏，存货的数量减少了。

企业需要在库存进进出出时调整库存。这允许企业掌握库存中的物品数量的最新信息。

期初和期末库存

现在，你将向数据表中添加4个新字段，以便记录库存：

- **Opening stock（期初库存）**：开始时库存中的物品数量（例如，一天的开始）。工人们通过数物品得到这个数字。
- **Stock in（入库）**：入库的物品数量。工人们通过记录白天运来的所有物品获得这个数字。
- **Stock out（出库）**：出库的物品数量。工人们通过记录所有离开仓库的物品来获得这个数字。
- **Closing stock（期末库存）**：通过增加库存和减去库存计算。

将这4个字段添加到数据表中。

将库存数据添加到数据表中

你的库存不是真的！这意味着你无法进行真正的库存检查。

- 为每个产品的Opening stock编一个数字。
- 目前在Stock in和Stock out列中输入0。
- 暂时将Closing stock字段空出来。

詹娜把这4个字段添加到她的果酱表中，如下图所示：

Cost	Opening stock	Stock in	Stock out	Closing stock
$ 4.99	700	0	0	0
$ 7.99	800	0	0	
$ 9.99	70	0	0	
$ 9.99	900	0	0	
$ 11.99	1200	0	0	
$ 12.99	500	0	0	
$ 7.50	400	0	0	
$ 7.50	700	0	0	
$ 4.50	800	0	0	
$ 19.99	800	0	0	

6

数字和数据：业务数据表

157

计算期末库存

在上节课中，把数据格式化为表格。当你想要进行计算时，表格格式非常有用，因为你只需要在列的顶部输入一次计算，计算机将对数据表的每一行计算出正确的答案。

你要计算期末库存的数量，计算方法如下：

Opening stock+Stock in−Stock out

遵循以下步骤：

- 单击Closing stock列标题下面的单元格。

- 输入等号（＝）开始公式。

- 单击同一行的Opening stock单元格。

- 输入加号（＋），并单击同一行中的Stock in单元格。

- 输入减号（－），然后单击同一行的Stock out单元格。

詹娜在她的数据表中输入了这个公式：

G	H	I	J	K	L	M	N	O
Opening stock	Stock in	Stock out	Closing stock					
700	0	0	=[@[Opening stock]]+[@[Stock in]]-[@[Stock out]]					

按Enter键，计算机就会计算出期末库存。它会为表格中的每个产品计算出正确答案。如果公式算错了，重新开始。

活动

为你的库存中的每个物品的Opening stock、Stock in和Stock out列添加一些值，在数据表中输入这些值。

输入一个公式来计算期末库存。

库存价值

企业花很多钱买货物，所以它们需要知道货物的价值。库存价值是每个物品的价值乘以库存物品的数量。你可使用电子表格来计算这个值。

在数据表中找到下一个空列，在列的顶部键入Stock value（库存价值），该列将自动添加到数据表中。

计算库存价值

现在再加一个计算方法来计算库存价值：

Closing stock × Cost

使用你的电子表格技能来输入这个公式。记住，*符号的意思是"乘"。

詹娜在表格的K列输入了这个Stock value计算公式：

Cost	Opening stock	Stock in	Stock out	Closing stock	Stock value		
F	G	H	I	J	K	L	M
$ 4.99	700	0	0	700	=[@Cost]*[@[Closing stock]]		

按Enter键，库存价值将出现在表格的每一行中，此列中的数据是货币值，因此将其更改为货币格式。

库存总价值

在数学中，求和意味着把一系列的值加起来。电子表格提供了一个叫作**自动求和**的有用功能。自动求和把字段中的所有值相加，只有当列包含数值时，才能使用自动求和。

找到工具栏中的"自动求和"按钮，如下图所示：

∑ AutoSum ▾

选择Stock value列底部的第一个空单元格，然后单击"自动求和"按钮，你的电子表格将显示所有库存的总价值。

右图显示了詹娜表中的Stock value列，你的数字会有所不同。

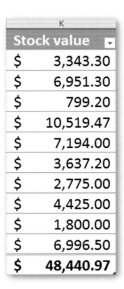

Stock value
$ 3,343.30
$ 6,951.30
$ 799.20
$ 10,519.47
$ 7,194.00
$ 3,637.20
$ 2,775.00
$ 4,425.00
$ 1,800.00
$ 6,996.50
$ 48,440.97

（➤）额外挑战

输入电子表格公式：

- 计算每个产品的库存价值；
- 计算你的企业的库存总价值。

（✓）测验

1. 仓库工人用平板计算机工作，写下她可能用平板计算机做的一件事。

2. Opening stock是什么意思？企业如何计算其期初库存的数量？

3. 用你自己的话解释如何计算期末库存。

4. 你如何计算一家企业所拥有的所有库存的总价值？

6

数字和数据：业务数据表

中文界面图

本课中

你将学习:

▶ 如何使用验证来查找数据表中的错误。

丢失的库存

在上节课中,你计算了你的线上业务的期末库存。期末库存告诉你仓库里应该有多少物品。有时仓库中的物品数量与期末库存数量不匹配。造成这种情况的原因有很多:

- 上次盘点时的统计错误。

- 工人没有正确记录库存变化(入库或出库)。

- 工作人员把物品放回了错误的地方。

- 一些物品可能已经破损或被盗。

当货物丢失时,对业务是不利的。在记录库存数据时出错会造成损失和问题。公司规模越大,拥有的库存越多,库存数据出错的可能性就越大。

每个企业都需要有准确的库存数据。好的库存记录会有所帮助。

验证

验证是检查数据的一种方法。验证利用规则检查数据。

有两种类型的数据验证:

- 对数据表中已经存在的数据进行验证:如果数据违反了规则,它将被突出显示,以便可以找到并更改它。这节课你会使用这个方法。

- 对输入的数据验证:如果数据违反规则,则不能输入数据表中。下节课你会使用这个方法。不遵守验证规则的数据称为"无效"数据。

验证规则

验证可以使用如下规则来检查数据是否准确:

- 数据类型(文本、数字等):例如,产品名称的文本、期初库存的数字等。

- 数值的范围：例如，只有0.99和9.99之间的值是允许的。
- "允许的"数据列表：例如，库存的品牌列表。

库存验证规则

在企业中，仓库工人将输入库存的物品数量以及进进出出的物品数量。验证规则将确保只输入有效的数据。如何决定使用哪些验证规则？

想想在线果酱生意。当工作人员输入库存果酱罐的数量时，输入必须遵守以下规则：

- 它必须是一个数字，你不能有z罐果酱。
- 它必须是一个整数，你不能有0.5罐果酱。
- 它必须是一个大于或等于0的数字，你不能有−20罐果酱。

这些规则也适用于你的产品吗？

发现错误数据

错误数据是包含错误的数据。检查数据表中的数据是否有错误是很重要的。你的公司只有10条记录。但在一个真正的企业里，可能有数千甚至数百万的记录。企业可以使用验证规则查找隐藏在数据中的错误。

"故意"犯错

你可以在数据中"故意"添加错误，以检查验证规则是否有效。当添加验证规则时，它们应该会发现你故意犯错。

詹娜在检查验证规则时故意犯了两个错误。她将P0003产品的Opening stock改为−70，将P0004产品的Stock in改为2.33。这是一张带有故意错误的表格。

Opening stock	Stock in	Stock out	Closing stock
700	20	50	670
800	70	0	870
-70	90	80	-60
900	2.33	80	822.33
1200	400	1000	600
500	30	250	280
400	60	90	370
700	90	200	590
800	100	500	400
800	150	600	350

确保你的数据也有一些故意的错误。现在你要使用验证规则来查找这些错误。

选择要验证的单元格

选择要应用验证规则的所有单元格。要查找本例中的故意错误，需要检查显示下列字段的单元格：

- Opening stock
- Stock in
- Stock out

选择这些单元格，不要包含列标题。下图是詹娜的电子表格，其中包含选定的单元格。

	Supplier	Cost	Opening stock	Stock in	Stock out	Closing stock	Stock value
1	Supplier	Cost	Opening stock	Stock in	Stock out	Closing stock	Stock value
2	Market Foods Ltd	$ 4.99	700	20	50	670	$ 3,343.30
3	Homemade Preserves	$ 7.99	800	70	0	870	$ 6,951.30
4	Homemade Preserves	$ 9.99	-70	90	80	-60	$ -599.40
5	Homemade Preserves	$ 9.99	900	2.33	80	822.33	$ 8,215.08
6	Handmade Jam	$ 11.99	1200	400	1000	600	$ 7,194.00
7	Handmade Jam	$ 12.99	500	30	250	280	$ 3,637.20
8	Hungry Farmer Jam Company	$ 7.50	400	60	90	370	$ 2,775.00
9	Hungry Farmer Jam Company	$ 7.50	700	90	200	590	$ 4,425.00
10	Market Foods Ltd	$ 4.50	800	100	500	400	$ 1,800.00
11	Luxury Jam	$ 19.99	800	150	600	350	$ 6,996.50
12							$ 44,737.98

开始验证

打开屏幕顶部的Data（数据）工具栏，找到标有Data Validation（数据验证）的按钮。

单击该图标，会看到一个新窗口，这是你输入验证规则的地方。

Data Validation ▼

Data Tools

设置验证规则

从下拉菜单中选择选项设置验证规则。请记住，所选列中的数值必须是整数。在第一个下拉菜单中找到Whole number（整数）。

值必须为0或更多（没有负数），在下一个下拉菜单中找到greater than or equal to（大于或等于），输入0作为最小值。

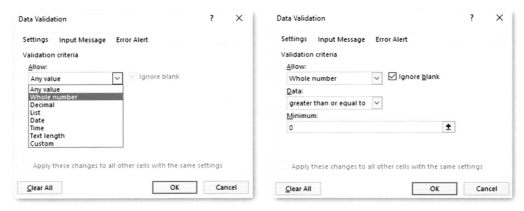

现在，你已经为仓库工作人员设置了输入物品数量的字段的验证规则。

圈出错误

请记住，在现实生活中，数据表可能有数千甚至数百万条记录。计算机可以帮你找到所有违反验证规则的记录。

回到Data Validation（数据验证）图标，单击下三角箭头以打开菜单，选择Circle Invalid Data（圈出无效数据）。

软件在所有无效数据周围画了一个红色圆圈。记住，无效数据是违反你设置的验证规则的数据。

下面是詹娜的电子表格。计算机已经发现并圈出了错误。

Opening stock	Stock in	Stock out
700	20	50
800	70	0
-70	90	80
900	2.33	80
1200	400	1000
500	30	250
400	60	90
700	90	200
800	100	500
800	150	600

现在你可以找到并修复电子表格中的错误了。

活动

在数据表中输入一些错误数据（故意错误）。

设置验证规则并让软件圈出错误。

纠正故意的错误。

额外挑战

Cost字段中的数据必须是一个数值，它必须大于0。但是，它应该是一个十进制值，而不是一个整数。使用你已经学过的技能给Cost字段添加验证检查。

测验

1. 使用规则检查数据的名称是什么？

2. 解释为什么Opening stock字段必须只有整数数据。

3. 解释为什么Stock in列中的数据必须大于或等于0。

4. 对于Cost字段中的数据，你会使用什么验证规则？

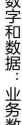

中文界面图

本课中

你将学习：

► 如何使用验证阻止对数据表的错误输入；

► 如何使用错误消息帮助用户输入有效的数据。

阻止无效数据输入

在上一课中，你设置了一些验证规则，这些检查在表中发现了坏数据。

验证规则还有其他用处，它们阻止用户向表中输入错误的数据。在上节课中设置的验证规则会阻止错误的输入。自己测试一下：

- 试着在Opening stock、Stock in或Stock out列的任何地方输入一个负数。

- 尝试输入任何其他违反验证规则的数据。例如，尝试输入一个带有小数点的字母或数字。

你会看到一条错误消息，它会出现在下图所示的消息框中。

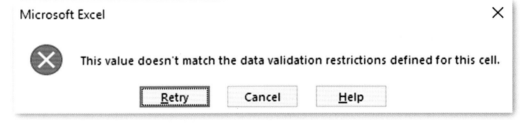

如果没有看到错误消息，则说明验证检查不起作用。回到上一节课，再次输入验证检查。

(活动)

尝试将错误数据输入到表中，看看会发生什么。

改进错误信息

在第3单元和第4单元中，了解错误消息是有用的。程序错误信息可以帮助你在编程时查找和修复错误。错误消息告诉你：

- 错误在哪里；

- 错误是什么。

想想你在编写Python程序时看到的错误消息。哪些是最有用的？您希望在数据表中看到什么错误消息？

什么是有用的错误信息

验证错误消息应该是有用的。它阻止用户输入错误的数据。它要帮助用户输入有效的数据。消息应该告诉用户：

- 他们刚刚输入的数据是无效的；
- 他们应该输入什么。

请看上一页的错误消息框。这个框有一个标题和一条信息。

- 标题是Microsoft Excel。
- 消息显示：This value doesn't match the data validation restrictions defined for this cell（该值不匹配为该单元格定义的数据验证限制）。

标题和信息不是很有用，对吗？标题并没有解释为什么对话框会出现。错误消息不会告诉你为什么数据是错误的。这个错误信息不能帮助你输入有效的数据。

选择一个新的错误消息

你可以更改错误消息，因此这更有用。想想你希望用户输入什么数据：

- 一个数字——不允许输入字母；
- 一个整数——不允许输入小数点；
- 一个正数——不允许输入负数。

用户需要知道这一点，然后他们就可以输入正确的数据了。

现在为你的验证规则规划更好的错误消息。你的用户需要知道哪些重要的信息？你如何用清楚的语言表达这些信息？小组合作或与全班同学合作，写下一些关于用什么词的想法。

城市公园学校的学生进行了一次课堂讨论，他们把这些想法写下来了。

Don't type letters! NUMBERS ONLY. Integer data.	Stock can't be a negative number. You should type a whole number only.

选择你最喜欢的错误消息，或者编一个你自己的消息。记住，消息需要一个标题和一些消息文本。

输入错误信息

现在你要使计算机显示你所选择的错误消息。使用与以前相同的Data Validation窗口。

- 选择应用验证规则的单元格（Opening stock、Stock in、Stock out字段）；

- 单击Data Validation图标。

Data Validation窗口将打开，如下图所示。

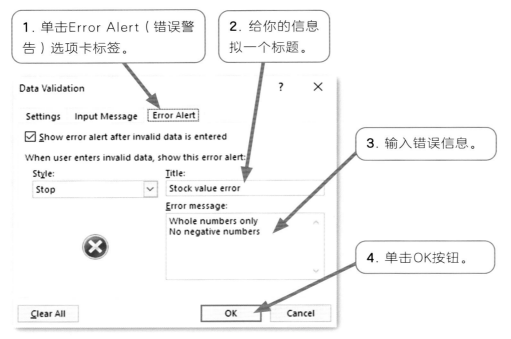

1. 单击Error Alert（错误警告）选项卡标签。

2. 给你的信息拟一个标题。

3. 输入错误信息。

4. 单击OK按钮。

测试错误信息

现在测试错误消息，以确保它正确工作。尝试在数据表中输入无效数据。你应该会看到定制的错误消息。

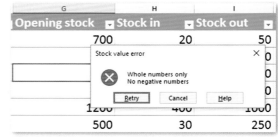

添加输入消息

你可以添加一条消息，以便用户在输入数据之前查看。这种类型的消息称为输入消息或输入提示。输入消息告诉用户关于他们可输入内容的有用信息。它帮助用户输入正确的数据。它阻止他们犯错误。输入消息应该包含：

- 用户必须输入什么数据；

- 用户不允许输入什么数据。

为库存相关字段写下一条输入信息。

让计算机显示你输入的信息

现在你要让计算机显示你选择的输入信息。为此，再次使用之前使用过的Data Validation窗口。

- 选择你想要输入信息出现的单元格（与之前相同的单元格：Opening stock、Stock in、Stock out）。

- 单击Data Validation图标。

- 使用Data Validation窗口设置输入消息。

1. 单击Input Message选项卡标签。

2. 输入信息。

3. 单击OK按钮。

活动

考虑错误输入消息，并将其添加到数据表中。

考虑输入消息来帮助用户，并将其添加到数据表中。

额外挑战

在上一课中，在Cost字段添加了一个验证检查。现在向该字段添加一个错误消息和一个输入消息，以帮助用户输入正确的数据。

测验

1. 用户什么时候看到错误消息？

2. 一个好的错误信息是如何帮助用户的？

3. 想一下在本节课和上节课中添加到数据表中的验证检查，描述一个验证检查会阻止的数据输入错误。

4. 输入消息不会阻止用户输入错误数据，它是如何帮助防止出错的？

探索更多

进行研究，找出二维码是什么。企业如何在仓库中使用二维码进行数据输入？这将如何提高数据的准确性？

6

数字和数据：业务数据表

测一测

你已经学习了：

▶ 如何将数据存储在数据表中，以便人们能够访问和使用数据；

▶ 如何从计算机数据表生成有用的业务信息；

▶ 如何使用错误检查和错误消息来阻止错误数据。

中文界面图

尝试下列测试和活动，它们会帮助你了解自己理解了多少。

测试

一群朋友成立了一个储蓄俱乐部来帮助省钱。他们每个月都向俱乐部投一些钱。

朋友们使用一个数据表存储关于俱乐部成员的信息以及每个成员已经存了多少钱。下面是他们数据表的摘录。软件发现并圈出了一个错误。

	A	B	C
1	Saver ID	Saver name	Amount saved
2	S0001	Fareeza Bari	$ 340.00
3	S0002	Rashida Firman	$ 1,600.00
4	S0003	Lisa Huq	ABC
5	S0004	Mawara Khan	$ 3,000.00
6	S0005	Leona Martin	$ 540.00
7	S0006	Kelly Peters	$ 1,200.00

1. 有错误的字段的名称是什么？

2. 数据有什么错误？给出一个该字段中允许的数据示例。

3. 这个数据表有多少个字段？

4. Saver name（储蓄者姓名）字段不是原子化的。如何改进这个数据表，使所有数据都是原子化的？

5. 数据表中哪个字段是关键字段？

6. 数据表中关键字段的作用是什么？

168

1. 制作数据表，存储储蓄俱乐部的数据，使用你可以在上一页的图中看到的数据。

- 记住使用原子化字段。

- 为Lisa Huq输入有效的储蓄金额。

2. 包含一个公式和一个验证检查。

    a. 将Amount saved数据格式化为货币。

    b. 输入一个公式，计算储蓄俱乐部成员的储蓄总额。

    c. Amount saved列只允许输入数字，这些数字应该大于或等于0。向此列添加验证检查，以防止用户输入无效数据。

3. 包含输入消息。

    a. 将输入消息添加到Amount saved列，该消息应该提供关于数据输入类型的有用建议。

    b. 解释你是如何减少电子表格错误输入机会的。

自我评估

- 我回答了测试题1和测试题2。

- 我完成了活动1，做了一个电子表格数据表。

- 我回答了测试题1～测试题4。

- 我完成了活动1和活动2。我的电子表格数据表包括一个公式和一个验证检查。

- 我回答了所有的测试题。

- 我完成了所有的活动。我的电子表格包含了一条输入信息。

重读单元中你不确定的部分，再次尝试测试和活动，这次你能做得更多吗？

6

数字和数据：业务数据表

词汇表

ASCII码（American Standard Code for Information Interchange，ASCII）： 一种用于计算的代码，允许文本和其他字符在计算机中以二进制代码的形式表示。ASCII码仅支持英文字符。ASCII是美国信息交换标准码的缩写。

安全副本（safety copy）： 在开始编辑文件内容之前创建的文件副本。如果出现错误，你可以回到安全副本，重新开始。

安全站点（secure site）： 使用加密技术使通过互联网发送的信息安全的网站。

版权（copyright）： 复制作品的权利。版权通常由创作作品的人持有。

编程语言（programming language）： 用来编写计算机程序的一种文字和运算符系统。

编译（compile）： 将源代码转换为可执行文件。

病毒（virus）： 感染它所接触的任何文件的恶意软件，它会导致恶意软件传播。

播客（podcast）： 在网络上共享的一种类似于广播节目的录音。播客通常是由一系列的片段组成的。它们可以每天、每周或每月发布。

采样（sampling）： 一种捕捉连续数据（如声音）并将其转换为数字数据的方法。

参数（parameters）： 在软件应用程序中控制功能或进程的设置，例如在数字音频工作站中控制效果。

错误提示（error message）： 当你在程序中出错时显示在屏幕上的消息。它可以帮助你找到并修复错误。

代码（code）： 一种把信息中的字符转换成其他字符或符号的方法。代码用于掩盖消息的含义，或将信息从一种格式转换为另一种格式。

单声道的（mono）： 使用单一声道的录音。声音不像立体声录音那样分成左右两个声道。

当型循环（while loop）： Python中条件控制循环的名称。

电子商务（e-commerce）： 在互联网上进行的任何形式的商业行为（如购物或银行业务）。

钓鱼网站（phishing）： 利用虚假的电子邮件和网站欺骗人们提供密码和其他个人数据。

对齐（aligned）： 布置在可用空间的一侧。文本可以在页面上对齐，也可以在表的列或单元格中对齐。

多轨（multi-track）： 在一个以上音轨上都有音乐片段的录音，这些片段可以同时播放。例如，其中一个片段可以作为背景音乐。

恶意软件（malware）： 在用户不知情的情况下安装在计算机上，旨在损坏用户的计算机或窃取数据的软件。

二进制（binary）：一种只用两个数字0和1的数字系统。

翻译（translate）：将源代码转换为机器代码。

防火墙（firewall）：阻止未经授权通过互联网访问计算机的软件或硬件。

分辨率（resolution）：数字图像质量的一种量度。分辨率是数字图像中使用的像素数。像素的数目越高，分辨率就越高，因此图像的质量也就越高。

浮点数（float）：带有十进制小数点的数值。

赋值（assign）：设置变量的值。

隔离（quarantine）：一种杀毒软件用来使恶意软件变得无害的方法。当防病毒软件检测到文件中含有恶意软件特征时，会将该文件进行隔离，使其无法打开。

关键字段（key field）：数据表中的一个字段。关键字段存储用于标识每个记录的数据。关键字段中的数据对于每条记录都是唯一的。例如，产品编号就是关键字段。

广告软件（adware）：恶意软件导致不必要的广告显示在计算机上。

轨道（track）：音频项目的一部分，其中包含一个接一个播放的音频片段。多音轨录音有多个可以单独编辑的音轨。

黑客（hacking）：未经允许闯入计算机系统，通常是犯罪或破坏数据文件。

混合（mix）：在数字音频工作站中控制每个音轨的响度和效果，使音轨形成悦耳的声音。

货币（currency）：代表金钱数量的数据值。货币值通常使用货币符号，例如用$进行格式化。

机器代码（machine code）：计算机可以理解的命令语言。机器代码是由代码数字组成的，每个代码数字代表一个不同的动作。

集成开发环境（Integrated Development Environment，IDE）：用来输入和保存程序命令的软件。IDE也运行程序。

计次循环（for loop）：Python中计次控制循环的名称。

记录（record）：数据表中的一行，每个记录存储关于一个数据项的所有信息。

加密（encrypt）：对数据进行编码，这样如果有人截获了数据，就无法读取或使用它。

间谍软件（spyware）：恶意软件记录用户在计算机上的活动，并通过互联网将用户的活动记录发送给网络罪犯。间谍软件可以用来捕获密码和其他个人信息。

剪辑（trim）：使用编辑软件缩短音频或视频片段。

解释（interpret）：把源代码转换成计算机可以立即运行的命令。

界面（interface）：程序中允许用户与程序交互的部分。界面允许用户进行输入，并提供输出。

词汇表

JavaScript语言（JavaScript）： 在Web浏览器中运行的一种编程语言。

可执行文件（executable file）： 由计算机可以执行的机器码命令组成的文件。

勒索软件（ransomware）： 一种恶意软件，可以阻止用户访问自己的计算机上的文件，通常需要赎金才能恢复访问文件的权限。

流（stream）： 从互联网上接收连续流，而不是下载文件副本到你自己的设备上，通过这种方式来听或看音频或视频等媒体内容。

逻辑错误（logical error）： 一种程序错误，编程的逻辑是错误的。这个程序不能完成程序员想做的事情。

逻辑判断（logical test）： 结果为True（真）或False（假）的判断。编程中的逻辑判断通常使用关系运算符比较两个值。

木马（trojan）： 隐藏在数据文件或软件应用程序中的恶意软件。

片段（clip）： 一段音频或视频内容。音/视频片段通常放在一个音轨或分开的多个音轨上，以制作播客或电影。

剽窃（plagiarism）： 使用别人的作品，但声称是自己的。

Python Shell： 启动Python时看到的窗口。你可以在Python Shell中一次输入一个命令，并查看每个命令的结果。

软件（software）： 你可以在自己的计算机上运行程序，这个程序已被转换成机器码，以便计算机能理解。

色彩深度（colour depth）： 一种数字图像质量的量度。颜色深度是数字图像中可以使用的颜色数量。可以使用的颜色越多，颜色深度越高，图像的质量也就越高。

杀毒软件（anti-virus（AV）software）： 用来检测、阻止和隔离恶意软件的软件。

身份盗用（identity theft）： 盗窃个人资料，如地址或银行账户资料。被窃取的信息用于诈骗或偷窃。

声道（channel）： 你记录或听到的声音的来源。耳机有两个声道：左边和右边。收音机或Wi-Fi扬声器可能只有一个声道。家庭影院音频，通常被称为5.1或7.1环绕立体声系统，有多达8个声道和扬声器。

数据（data）： 信息和数字，需要对数据进行组织，使其有用。

数据表（data table）： 一种组织数据使其更有用的方法。数据存储在由列和行组成的网格中。列是字段，行是记录。

数据处理（data processing）： 将数据转化为有用的信息，计算机常用于数据处理。

数据格式（data format）： 用于显示数据的样式。

数值（value）： 一种可用于算术计算和逻辑计算的数字。

数字的（digital）：由数字（数值）组成的。

数字数据（digital data）：转换成数值的数据。数字数据可由计算机存储和处理。

算法（algorithm）：解决问题的规划。程序员在规划程序时使用算法。

算术运算符（arithmetic operator）：一种使用数学规则（例如加减）转换值的运算符。

缩进（indent）：从左边空白处开始。在Python中，代码行被缩进表示结构，例如循环。

特征（signature）：恶意软件中包含的一小段代码，被杀毒软件用来检测恶意软件。

条件结构（conditional structure）：一种以if和逻辑判断开头的程序结构。如果判断为True（真），则执行结构中的命令。

统一码（Unicode）：一种类似于ASCII码的代码。Unicode可以表示比ASCII码多得多的字符。Unicode支持多种语言，包括阿拉伯语和普通话。

网络钓鱼（scamming）：利用虚假的电子邮件或网站从互联网用户那里盗取信息和财物。

网络恶霸（cyberbully）：利用互联网恐吓或威胁他人的人。

网络犯罪（cybercrime）：借助互联网进行的犯罪。

网络跟踪器（cookie）：当你访问网站时，网站在你的计算机上创建的文件。它可以存储关于你和你访问的信息。该文件旨在使你下次访问该网站时更容易使用该网站。

网络罪犯（cybercriminal）：利用互联网犯罪的人。

位（bit）：二进制数中的每一位。

像素（pixel）：一种图像元素，数字图像中最小的元素。像素是一种单一的颜色。

信息（information）：被组织起来的数据，它们更有用。

信源（attribution）：由版权所有者指定的一种引用形式。

需求（requirement）：告诉你程序应该做什么的语句，根据需求编写程序。

循环播放（looped playback）：一遍又一遍地回放音频片段。这有助于你找出错误。

压缩（compression）：一种减少存储的数字内容（如音频文件）大小的方法，通过删除其中的一些数据。压缩文件的质量可能较低。无损压缩可以避免质量上的损失。

易读的（readable）：便于其他程序员阅读和理解，用于描述程序代码。

溢出（overflow）：当计算机试图将一个值存储在过小的内存区域时所引起的一种错误。

引用（citation）：一段简短的文字，说明你在文档或网页上使用的任何内容的所有者。

应用程序（app）：应用软件的简称，特别用来指可以在智能手机上运行的小程序。

应用软件（application software）：一种计算机程序，它能让你用计算机完成一项有用的任务。

词汇表

用户友好（user friendly）： 常用来描述程序的一个特性。

有效性（validation）： 一种检查数据准确性的方法。有效性使用规则来检查数据。如果数据违反了这些规则，则不能将其输入数据表。

右对齐（right-aligned）： 与页面或单元格的右侧对齐。空白出现在左边。

语法（syntax）： 一种语言的规则，例如编程语言的规则。

语法错误（syntax error）： 一种编程错误。程序不符合编程语言的规则。

原子的（atomic）： 不能分割成更小的部分。数据表中的字段应该是原子的，每个字段应该只存储一个数据项。

源代码（source code）： 用程序设计语言编写的程序。

运行（run）： 执行程序中的命令。

运算符（operator）： 编程中转换值的符号或术语。

帧（frame）： 一幅静止的图像，连同许多其他的图像组成了一个动画或视频电影。

真彩色（true colour）： 计算机用来创建和存储逼真图像的一种方法。

整数（integer）： 一个没有十进制小数点的完全数。

知识产权（intellectual property）： 人们用头脑和创造性才能做出来的成果。

知识共享（Creative Commons）： 一种授权互联网内容（如图像）的方法，这样人们就可以在不询问版权所有者的情况下使用它们。

注册（registration）： 输入个人信息成为网站的会员。注册用户可以登录网站并访问只有会员才能使用的服务。

注释（comments）： 程序中被计算机忽略的文本行。程序员添加注释以使其他程序员更容易读懂他们的程序。

自动求和（AutoSum）： 电子表格的一个功能，将列或行中的所有数字加在一起。

字段（field）： 数据表中的一列。每个字段存储一种类型的信息。

字符串（string）： 一种由文本字符组成的数据值。字符可以是任何键盘字符，包括字母和数字。

字节（byte）： 在计算机中用来存储数据的一个八位组。

左对齐的（left-aligned）： 与页面或单元格的左侧对齐，右边可能出现空白。